装配式建筑建造技能培训系列教材（共四册）

装配式建筑建造 构件生产

北京城市建设研究发展促进会　组织编写

王宝申　主　编

中国建筑工业出版社

图书在版编目（CIP）数据

装配式建筑建造 构件生产/北京城市建设研究发展促进会组织编写；王宝申主编. —北京：中国建筑工业出版社，2017.12（2020.9重印）

装配式建筑建造技能培训系列教材

ISBN 978-7-112-21610-9

Ⅰ. ①装… Ⅱ. ①北… ②王… Ⅲ. ①建筑工程-装配式构件-生产管理-技术培训-教材 Ⅳ. ①TU

中国版本图书馆 CIP 数据核字（2017）第 294274 号

责任编辑：张幼平 费海玲

责任校对：李美娜

装配式建筑建造技能培训系列教材（共四册）

装配式建筑建造 构件生产

北京城市建设研究发展促进会 组织编写

王宝申 主 编

*

中国建筑工业出版社出版、发行（北京海淀三里河路 9 号）

各地新华书店、建筑书店经销

霸州市顺浩图文科技发展有限公司制版

北京建筑工业印刷厂印刷

*

开本：787×1092 毫米 1/16 印张：7¾ 字数：152 千字

2018 年 1 月第一版 2020 年 9 月第二次印刷

定价：**36.00** 元

ISBN 978-7-112-21610-9

（31258）

造就中国建筑业大国工匠

推动中国建筑业精益制造

《装配式建筑建造技能培训系列教材》编委会

编委会主任：王宝申

编委会副主任：胡美行　姜　华　杨健康　高　杰

编委会成员：赵秋萍　肖冬梅　冯晓科　黄　群　胡延红
　　　　　　雷　蕾　刘若南

《装配式建筑建造　构件生产》分册编写人员

执行主编：刘若南

编写成员：（排名不分先后）

高春风　刘　伟　张　芸　史绍彰　王润林　王延宁

田有力　王　羽　曹　成　刘　昊　李晓文　田　东

序

建筑产业化近年来已经成为行业热点，从发达国家走过的历程看，预制建筑与传统施工相比具有建筑质量好、施工速度快、材料用量省、环境污染小的特点，符合我国建筑业的发展方向，越来越受到国家和行业主管部门的重视。

由于装配式建筑"看起来简单、做起来很难"，从国外的经验看，支撑装配式建筑发展的首要因素是"人"，装配式建筑需要专业化的技术人才。国务院《关于大力发展装配式建筑的指导意见》指出：力争用 10 年左右的时间，使装配式建筑占新建建筑面积的比例达到 30％。强化队伍建设，大力培养装配式建筑设计、生产、施工、管理等专业人才。我国每年城市新建住宅的建设面积约 15 亿平方米，对装配式专业化技术人才的需求十分巨大。

北京城市建设研究发展促进会以贯彻落实"创新、协调、绿色、开放、共享"五大发展新理念为指导，以推动建设行业深化改革、创新发展为己任，顺应产业化变革大势，以行业协会的优势，邀请国内装配式建筑建造方面的资深专家学者共同参与调研，实地考察，科学分析，认真探讨装配式建筑建造施工过程中的每一个细节。经过不懈的努力和奋斗，建立了一套科学的装配式建筑建造理论体系，并制定了一套装配式建筑创新型人才培养机制，组织各级专家编写汇集了《装配式建筑建造技能培训系列教材》。

本教材分为四册，汇集了各位领导、各位同事多年业务经验的积累，结合实践经验，用通俗易懂的语言详细阐述了装配式建筑建造过程中各项专业知识和方法，对现场预制生产作业工人和施工安装操作工人进行了理论结合实际的完整的工序教育。其中很多知识都是通过经验数据得出的行业标准，对于装配式建筑建造有着极高的参考价值，值得大家学习和研究。

各企业和培训机构能借助系列教材加大装配式技术人才的培养力度，提升从业人员技能水平，改变我国装配式专业化技术人才缺失的局面，助力建筑业转型升级，服务城市建设。

当然，装配式建筑建造尚处于初级阶段，本教材内容随着产业化的不断升级还需继续完善，在此诚恳参阅的各位领导和同事予以指正、批评，多和我们进行交流，共同为建筑业、为城市建设贡献自己的微薄之力。

感谢参与本书编写的各位编委在极其繁忙的日常工作中抽出宝贵时间撰写书稿。感谢共同参与调研的各位专家学者对本书的大力支持。感谢北京住总集团等会员企业为本书编写提供了大量的人力资源、数据资料和经验分享。

北京城市建设研究发展促进会

2017 年 12 月 5 日

目　　录

第一章　预制构件生产工序

第一节　钢筋加工工序

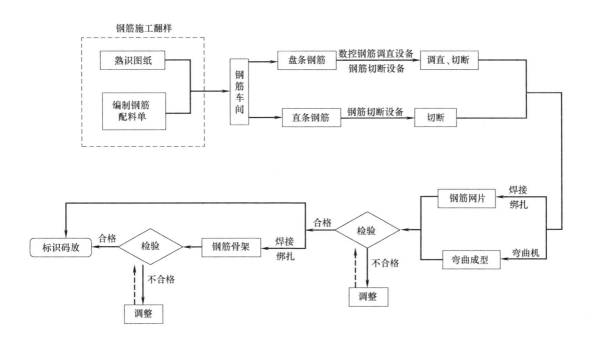

图 1-1　钢筋加工工艺流程图

一、钢筋施工翻样

钢筋翻样在构件加工中，主要是指钢筋工长、技术人员按照构件加工图纸所给钢筋规格、形状、尺寸、重量、间距、数量、保护层厚度等内容，通过一定的钢筋下料规则计算，形成各个型号构件的钢筋配料单，并按照配料单分类进行统计后，方便钢筋班组安排工人进行钢筋切断、成型、绑扎安装等工作。钢筋配料单是钢筋班组加工的主要依据，其中包括构件型号、生产块数、钢筋编号、数量、规格、加工简图、下料长度、重量以及备注要求等信息，对于特殊异形复杂构件还需要通过电脑进行整图放样后，形成配料单。

1. 钢筋施工翻样前准备

钢筋施工翻样前，钢筋翻样人员需认真研读施工图纸，熟悉构件外形尺寸、保护层厚度、构件的配筋特点、钢筋位置及构件工艺要求等。结合以往经验，将钢筋网片、预埋件与模具组装冲突部位细化，在符合规范要求的情况下，作一定的技术处理，以保证钢筋用料最省、钢筋网片准确和构件生产顺利。当出现难以处理的问题时，应上报技术部门协调设计解决。

2. 钢筋配料单的编制

钢筋配料计算，在满足形状和尺寸要求的前提下，应考虑有利于钢筋加工运输和安装，并应尽量利用库存规格材料、短料等，节约钢材。

图1-2为钢筋配料单，包括构件名称、钢筋编号、钢筋简图、下料长度、数量、合计数量、重量等。

构件名称：YWQ1826　　　　　　　　　　　　　　　　　　构件数量：1块

编号	数量	合计数量	规格	加工尺寸	下料长度	总重(kg)	备注
1a	22	22	Φ8	40⌐ 200│1800│200 ⌐40	2347	20.39	墙体水平筋
1b	10	10	Φ8	2000	2000	7.9	墙体水平筋
2a	16	16	Φ8	124⌐ 2510 ⌐124	2783	17.58	墙体竖向筋
2b	4	4	Φ10	130⌐ 2510 ⌐130	2803	6.92	墙体竖向筋
3a	5	5	Φ18	830	830	8.3	加强筋
3b	5	5	Φ18	1100	1100	11	加强筋
4	53	53	Φ6	75⌐ 170 ⌐75	366	4.31	拉筋

图1-2 钢筋配料单

3. 钢筋下料长度计算

为使钢筋满足设计要求的形状和尺寸，需要对钢筋进行弯折，而弯折后钢筋各段长度总和并不等于其在直线状态下的长度，所以需要对钢筋的切断下料长度加以计算，目前多数教材和钢筋工长手册中采用下式计算，图1-3为钢筋下料长度计算示意图。

（1）直钢筋下料

下料长度＝构件长度－保护层厚度＋弯钩增加长度

（2）弯起钢筋下料

下料长度＝直段长度＋斜段长度＋弯钩增加长度－弯曲调整值

（3）箍筋下料

下料长度＝箍筋周长＋弯钩增加长度±弯曲调整值

钢筋工长手册中，钢筋弯曲调整值计算见表 1-1，钢筋弯钩增加长度见表 1-2。

钢筋弯曲调整值　　　　　　　　　　　　　　　　表 1-1

钢筋弯曲角度	30°	45°	60°	90°	135°
钢筋弯曲调整值	0.35d	0.5d	0.85d	2d	2.5d

注：d 为钢筋直径，钢筋弯曲调整值在实际加工中与钢筋级别、弯钩形状、弯曲角度、钢筋直径以及弯曲直径大小有关。

钢筋弯钩增加长度　　　　　　　　　　　　　　　表 1-2

钢筋弯曲角度	90°	135°	180°
钢筋弯钩增加长度	平直长度+0.5d	平直长度+1.9d	平直长度+3.25d

注：d 为钢筋直径，在实际加工中，钢筋弯钩增加长度与钢筋级别、弯钩形状、弯曲角度、钢筋直径和弯曲直径 D 的大小有关。

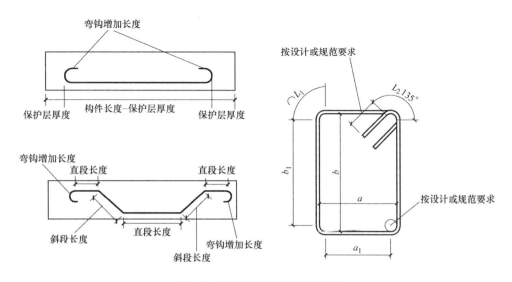

图 1-3　钢筋下料长度计算示意图

二、钢筋除锈、调直与切断

1. 钢筋除锈

钢筋严重锈蚀，不仅影响钢筋与混凝土之间的粘结作用，而且会降低构件的承载力，所以钢筋除锈是钢筋加工中必不可少的工序。预制构件的生产一般在室内进行，故钢筋锈蚀情况较少，但若有锈蚀钢筋，必须进行钢筋除锈处理。若钢筋锈蚀为浮锈，则不需对其进行处理。

钢筋除锈的方法主要有：

（1）手工除锈：钢丝刷除锈、砂盘除锈。

（2）机械除锈：电动除锈机除锈、喷砂法除锈、化学法除锈。

2. 钢筋调直与切断

钢筋调直应符合《混凝土结构工程施工质量验收规范》。对于盘条钢筋调直与切断，目前多数使用数控钢筋加工设备完成，如图 1-4 所示。该设备应用了电子控制仪,实现了钢筋调直切断自动化,控制准确,操作安全。对于直条钢筋的切断,主要采用钢筋切断机,如图1-5所示。

在钢筋切断过程中,如发现钢筋有劈裂、缩头或严重的弯头等必须切除。钢筋的端口不得有马蹄形或起弯等现象。

图1-4　数控钢筋调直切断设备

图1-5　钢筋切断机

三、钢筋弯曲成型

在进行钢筋弯曲成型之前,首先必须熟悉待加工的钢筋规格、形状和各部尺寸,以便确定弯曲操作步骤,准备弯曲工具,或根据待弯曲钢筋的尺寸在电脑上设定弯制尺寸参数。手动弯曲要先将钢筋的各段长度尺寸画在钢筋上,将各弯曲点位置画出,而后先试弯一根钢筋,确定弯曲的位置及弯曲角度,检查画线的结果是否符合设计要求,待检验合格后,方可成批弯制。图1-6为钢筋弯曲操作,图1-7为钢筋弯曲后状态。

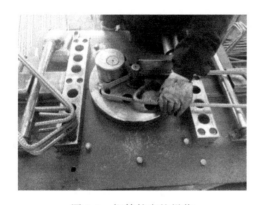

图1-6　钢筋的弯钩操作

图1-7　钢筋弯曲后状态

根据钢筋的不同弯曲直径选择不同直径的芯轴,弯曲时应满足图1-8所示的参数要求。

弯曲形状复杂的钢筋,要放足尺大样,经检验合格后再成批生产。

钢筋弯曲应在常温下进行,不允许加热弯曲,也不得采用锤击弯折。钢筋弯折点不得有裂缝,弯曲形状不应在平面上发生翘曲现象。弯制钢筋时宜以中部开

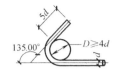
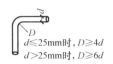

1.HPB300级钢筋端部180°弯钩　　2.带肋钢筋端部135°弯钩　　3.钢筋弯折角度为90°　　4.钢筋弯折角度小于90°

图 1-8　钢筋弯曲参数

始逐步弯曲两端，弯勾必须一次弯成，不得反复弯折，加工完毕后的钢筋，应放置在棚内的架垫上，避免锈蚀及污染。

四、钢筋网片、套丝、套筒的加工及骨架安装

1. 钢筋网片加工

钢筋网片的加工采用绑扎或焊接两种形式，一般构件钢筋网片的使用部位为保温装饰一体化外墙板的外页板、叠合板以及一些装饰板。

（1）钢筋绑扎工艺

钢筋绑扎安装前，应先熟悉施工图纸，核对钢筋配料单及料牌，研究钢筋安装与相关工种配合的顺序。钢筋绑扎工具包括钢丝、绑扎工具、绑扎架等。钢筋绑扎一般用20～22号钢丝或镀锌丝，其中只有直径为12mm以下的钢筋采用22号钢丝。钢筋绑扎钢丝长度见表1-3。图1-9为顺扣绑扎示意图，图1-10为顺扣绑扎实图。绑扎时一般用顺扣或八字扣。绑扎后的钢筋网片如图1-11所示。

钢筋绑扎钢丝长度表　　　　表 1-3

钢筋直径(mm)	6～8	10～12	14～16	18～20	22	25	28	32
6～8	150	170	190	220	250	270	290	320
10～12		190	220	250	270	290	310	340
14～16			250	270	290	310	330	360
18～20				290	310	330	350	380
22					330	350	370	400

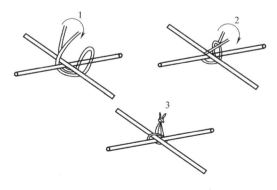

图 1-9　顺扣绑扎示意图　　　　　　图 1-10　顺扣绑扎实图

5

图 1-11　绑扎钢筋网片

（2）钢筋焊接工艺

钢筋焊接方法：电阻电焊、闪光对焊、电弧焊、电渣电压力焊、气焊等。

一般钢筋网片焊接采用数控自动焊接设备及半自动焊接设备，如图 1-12 所示。焊接网片一般采用钢筋直径 4～14mm 的钢筋制作。考虑运输条件，焊接网片钢筋长度不宜超过 12m，宽度不宜超过 3.4m。钢筋焊接网片与传统手工绑扎相比有以下特点：钢筋规格、间距

等质量要求可得到有效控制；焊接网刚度大、弹性好、焊点强度高、抗剪性能好，且成型后网片不易变形，荷载可均匀分布于整个混凝土结构上，再辅以马镫筋、垫块能有效抵抗施工的踩踏变形的影响，容易保证钢筋的位置和混凝土保护层的厚度，有效保证钢筋的到位率。

图 1-12　钢筋点焊机

2. 钢筋骨架加工

钢筋骨架筋组合在一起，形成一个完整的网架，称为"钢筋笼""钢筋网""钢筋骨架"等，如图 1-13 所示。一个完整的钢筋网架有利于约束混凝土，提高混凝土构件的整体性。钢筋骨架一般应用于构件结构层，主要在钢筋制备完成后，到现场吊装。制备好的钢筋骨架，必须放在平整、干燥的场地，每个骨架挂标志牌。

（1）钢筋骨架绑扎工艺操作

1）将基础垫层清扫干净，用石笔和墨斗在上面弹放钢筋位置线。

2）按钢筋位置线布放基础钢筋。

3）绑扎钢筋，四周两行钢筋交叉点应每点绑扎牢。中间部分交叉点可相隔交错扎牢，但必须保证受力钢筋不位移。双向主筋的钢筋网，则需将全部钢筋相交点扎牢。相邻绑扎点的钢丝扣成八字，以免网片歪斜变形。

4）大底板采用双层钢筋网时，在上层钢筋网下面应设置钢筋撑脚或混凝土撑脚，以保证钢筋位置正确，钢筋撑脚应垫在下层钢筋网上。

图 1-13 钢筋骨架成品

5）钢筋的弯钩应朝上，不要倒向一边；双钢筋网的上层钢筋弯钩应朝下。

6）独立基础为双向弯曲，其底面短向的钢筋应放在长向钢筋的上面。

7）箍筋的位置一定要绑扎固定牢靠。

8）钢筋的连接：

① 钢筋连接的接头宜设置在受力较小处。

② 若采用绑扎搭接接头，则纵向受力钢筋的绑扎接头宜相互错开。

③ 纵向受力的钢筋采用机械连接接头或焊接接头时，纵向受力钢筋的接头面积百分率应符合设计规定。

（2）成品保护

1）钢筋绑扎完后，应采取保护措施，防止钢筋的变形、位移。

2）浇筑混凝土时，应搭设上人和运输通道，禁止直接踩压钢筋。

3）浇筑混凝土时，严禁碰撞预埋件，如碰动应在设计位置重新固定。

4）各工种操作人员不准任意掰动、切割钢筋。

3. 钢筋套丝加工

（1）钢筋端面宜平整并与钢筋轴线垂直，不得有马蹄形或扭曲（钢筋下料工具必须用无齿锯下料，严禁用切断机下料）；钢筋端部不得有弯曲。

（2）外形质量：丝头有效螺纹数量不得少于设计规定；牙顶宽度大于 0.3P 的不完整螺纹累计长度不得超过两个螺纹周长，钢筋丝头的牙形、螺距必须与连接套的牙形、螺距相吻合。

（3）丝头尺寸检验：通环规、止环规必须放置在钢筋加工现场，用专用的螺纹环规检验，其通环规应能顺利旋入，止环规旋入长度不得超过 3P。

（4）加工的丝头应逐个进行自检，不合格的丝头应切去重新加工。

（5）丝头加工完毕，经检验合格后，应立即带上塑料保护帽或拧上连接套筒，并按规格分类堆放整齐待用。

（6）自检合格的丝头，应由现场质检员随机抽样进行检验，以一个工作班加工的丝头为一检验批，随机抽取 10%，且不得少于 10 个。丝头现场抽检合格率不得小于 95%，当抽检合格率小于 95% 时，应另抽取同样数量的丝头重新检验。两次抽检的总合格率不小于 95%，该批产品合格，若合格率仍小于 95%，则应对全部丝头进行逐个检验，合格者方可使用。

（7）在进行钢筋连接时，钢筋规格应与连接套筒规格一致，并保证丝头和连接套筒内螺纹干净、完好无损。

（8）钢筋连接时应用工作扳手将丝头在套筒中央位置顶紧。

（9）钢筋接头拧紧后，应用力矩扳手按不小于表 1-4 中的拧紧力矩值检查，并加以标记。钢筋连接完毕后，拧紧力矩值应符合表 1-4 的要求。

直螺纹接头安装时的最小拧紧扭矩值　　　　　　　　　　　　　　　表 1-4

钢筋直径(mm)	≤16	18～20	22～25	28～32	36～40
拧紧扭矩(N·m)	100	200	260	320	360

（10）钢筋连接完毕后，标准型接头连接套筒外应有外露有效螺纹，且连接套筒单边外露有效螺纹不得超过 2P。

（11）钢筋连接接头的外观质量在施工时应逐个自检，不符合要求的钢筋连接接头应及时调整或采取其他有效的连接措施。

（12）外观质量自检合格的钢筋连接接头，应由现场质检员随机抽样进行检测。同一施工条件下采用同一材料的同等级、同型式、同规格接头，以连续生产 500 个为一个检验批进行检验和验收，不足 500 个按一个检验批计算。

（13）对每一检验批的钢筋连接接头，于正在施工的工程结构中随机抽取 15%，且不少于 75 个接头，检验其外观质量及拧紧力矩。

（14）现场钢筋连接接头的抽检合格率不应小于 95%。当抽检合格率小于 95% 时，应另抽取同样数量的接头重新检验，当两次抽检的总合格率不小于 95% 时，该批接头合格，若合格率仍小于 95%，则应对全部接头进行逐个检验。在检验出的不合格接头中，抽取 3 根接头进行抗拉强度检验，3 根接头抗拉强度试验的结果全部符合 JGJ 107 的有关规定，该批接头外观质量可以验收。

（15）钢筋套丝加工过程应符合 JGJ 107 的有关规定，钢筋连接接头满足该规定要求。

4. 直螺纹灌浆套筒

直螺纹灌浆套筒的连接方法就是将待连接钢筋端部的纵肋和横肋用滚丝机采用切削的方法剥掉一部分，然后直接滚轧成普通直螺纹，用特制的直螺纹套筒连接起来，形成钢筋的连接。钢筋剥肋滚压直螺纹连接技术属国内外首创技术发明，达到了国际先进水平；剥肋滚压直螺纹连接技术因高效、便捷、快速的施工方法和节能降耗、提高效益、连接质量稳定可靠等优点得到了广大施工单位和业主的青睐，是直螺纹连接技术的一种新型产品。

目前市场上常见的直螺纹灌浆套筒很多种（图 1-14），不同厂家生产的直螺纹灌浆套筒尺寸规格也不同，但均应满足 JGJ 355—2015 中的规定。

图 1-14　钢筋灌浆套筒

五、桁架筋的制作加工

桁架筋主要应用于叠合板、阳台板生产，由专用桁架自动加工设备加工制作。桁架自动加工设备最早在国外开始使用，目前国内也开始逐渐自主生产桁架加工设备。桁架上下弦钢筋一般采用 HRB400 三级钢筋，钢筋直径在 8～12mm，腹杆钢筋为 HPB300 一级钢筋，钢筋直径为 6.5mm。桁架筋在加工时，要严格控制桁架的高度、长度以及保证腹杆钢筋尽量与上下弦钢筋平齐。一般桁架长度、宽度控制在 ±5mm 内，高度控制在 ±2mm 内。桁架的高度一般为 80～90mm，宽度一般在 70～80mm。图 1-15 为桁架筋实图及桁架筋剖面图。

六、预埋件的加工制作

预埋件（预制埋件）就是预先安装（埋藏）在隐蔽工程内的构件。构件生产

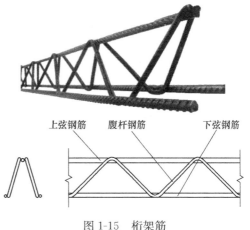

上弦钢筋　腹杆钢筋　下弦钢筋

图 1-15　桁架筋

中使用的预埋件种类很多，具体可归纳为钢板＋锚筋的焊接埋件、45♯钢筋定制的长螺母埋件、专业厂家生产的特殊埋件（如空调支架埋件、保温层连接件等）。对于有特殊要求的如耐腐蚀裸露的埋件，还需进行镀锌处理。一般镀锌厚度不小于 80μ。可以分为预埋件、预埋管、预埋螺栓等。图 1-16 为预埋件图纸及实物。

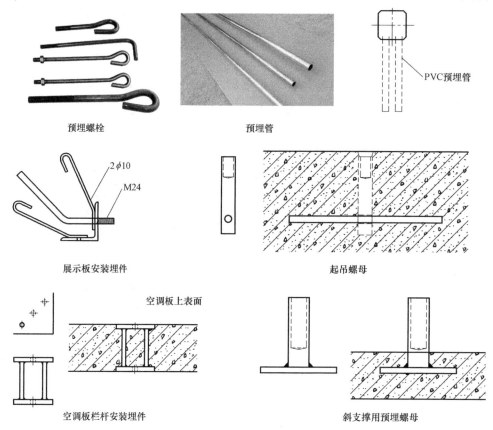

图 1-16 预埋件图纸及实物

1. 加工前准备

（1）预埋件的原材料应确保合格，加工前必须检查其合格证，进行必要的力学性能试验及化学成分分析，同时观感质量必须合格，表面无明显锈蚀现象。

（2）预埋件焊接前，必须检查钢筋钢板的品种是否符合设计要求和强制性标准规定要求，对不符合要求者，需查明原因，妥善解决。

（3）焊条和焊剂型号的选定，需根据其使用要求和不同性能来进行。当采用压力埋弧焊时，采用与主体金属强度相适应的焊条；当采用手工焊时，可按强度低的主体金属焊条型号。

（4）焊工必须考试合格后方可上岗，模拟施工条件试焊必须合格；埋件使用前进行抽检合格后方可使用。

2. 下料注意事项

下料时不应用割枪或电焊机等，钢板用剪板机或激光切割，锚固筋用切断机切断，这不仅可使制作的埋件外形美观，同时也能保证钢材原有的性能。

焊接前要在预埋件钢板上准确地标出锚固的位置，不能随便改动锚筋位置，否则会影响埋件受力性能。焊接时一定要调整好焊接电流，使焊弧稳定，确保锚筋和钢板不过烧、不咬肉，且焊接牢固。焊接的埋件及时标清型号并分类堆放。

3. 质量检查

检查、存放与发料是不可忽视的环节，对制作好的预埋件要认真检查，检查其型号、尺寸、钢板厚度、锚筋数量及规格型号是否与预埋件型号相符，检查其型号是否标注清晰，无误后检查其焊接质量，对焊缝高度、有无加渣裂纹、有无过烧咬肉、有无焊瘤气孔、焊缝是否均匀等，检查合格后才能入库存放，否则应进行整改。预埋件应按型号分别堆放，且有防雨防潮措施防止生锈，预埋件的存放与发料有专人负责，发料时应认真核对型号与数量，确保不误发、不误用。预埋件的制作过程是预埋件安全的重要保证，必须做到有组织有措施，确保预埋件质量。

第二节 模具加工工序

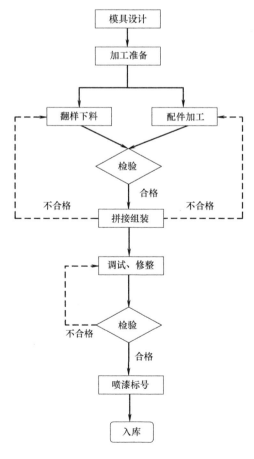

图 1-17 模具加工工序流程图

一、模具设计

1. 使用寿命

模具的使用寿命直接影响构件的制造成本，所以在模具设计时就要考虑给模具赋予一个合理的刚度，增大模具周转次数。这样就可以保证不会因为模具刚度不够导致二次追加模具或增大模具维修费用。

2. 通用性

模具设计人员还要考虑如何实现模具的通用性，也就是增大模具重复利用率，也就是在某一工程结束后，模具不是成为废铁，而是在下一个工程中可以再利用。

3. 方便生产

模具最终是为构件厂生产服务，所以模具设计人员一定要懂得构件生产工艺，如不懂得生产工艺，技术实力再强的机械加工厂家也不能很好地完成模具设计，只能说可以很好地实现模具刚度、尺寸，但不一定符合构件生产工艺。模具影响生产效率主要体现在组模和拆模两道工序，所以在模具设计时必须考虑如何在保证模具精度的前提下减少模具组装时间，保证拆模过程在不损坏构件的前提下方便工人操作拆卸模具，如在不影响预制构件结构受力的前提下适当设计模具脱模角度。

4. 厂内倒运

为方便模具在厂内倒运，在设计模具时，应在保证模具刚度和周转次数的基础上，通过受力计算尽可能地降低模板重量，尽量减少倒运过程中使用吊车等运输工具。

5. 三维设计

PC构件模具的制作由于构件造型复杂，特别是三明治外墙板构件存在企口造型、灌浆套筒开口及大量的外露筋，采用三维软件进行设计，可使整个模具设计体系更加直观化、精准化，大量的脑力工作可通过三维软件进行简化，可直接对应构件建模进行检查纠错。

通过以上总结可以看出，完成模具设计应综合考虑成本、生产效率和质量等因素，而且缺一不可，否则就不能算是一个优良的模具设计。

模具设计还要考虑模具分类。模具按构件分为竖向构件模具、水平构件模具，按材料分为金属模具（一般为钢模）、非金属模具（一般为玻璃钢模），按结构分有单层模具、双层模具、多层模具（图1-18）。

二、加工准备工作

根据模具设计图纸，采购相应的钢板、型钢、螺栓等材料。钢板一般常用的厚度有6mm、8mm、10mm、12mm，最厚可达20mm左右。型钢材料一般常用角

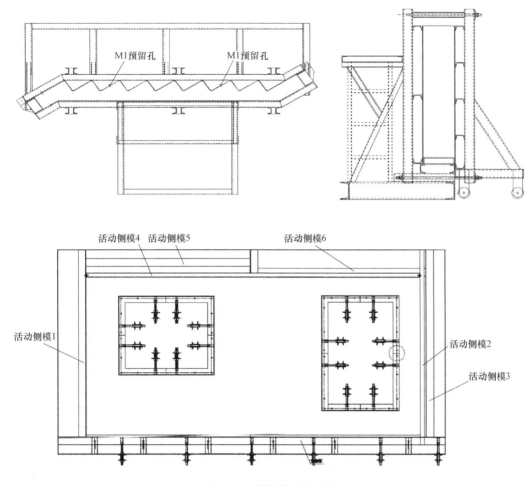

图 1-18 构件模具设计图

钢、槽钢、工字钢、矩形方管等材料。

材料准备完毕后，准备相应的加工工具设备等，常用设备包括剪板机、折弯机、锯床、钻床、铣床、刨床、冲床、焊接设备等，如果条件允许，可以准备数控激光加工设备等精度更高的设备（图 1-19）。

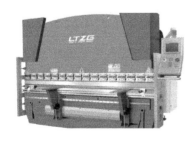

图 1-19 模具加工设备

加工操作平台的准备：模具加工应在操作平台上进行，平台应保持平整、水平、坚固，防止模具在加工过程中产生变形。此外，模具在受热后可能会产生应力变形，需通过模具整形设备，调整拼接完成后的模具。

三、翻样下料

模具加工准备完成后，根据图纸要求，进行各种材料的下料。下料时，相同规格尺寸的材料，尽量在一个操作流程下完成，当采用数控下料切割、打孔等设备时，应提前调整好参数，按照图纸要求，先试加工一件，如果没有问题再进行批量下料（图 1-20）。

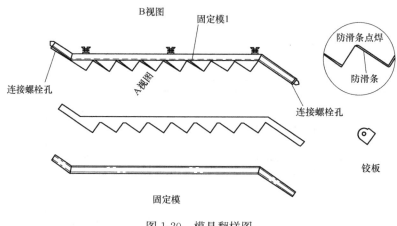

图 1-20　模具翻样图

加工下料时，保证模具腔内使用的钢板面光滑干净，避免划伤损坏板面或污染板面。带有 45°倒角的特殊部件，需要上铣床进行铣边加工，铣边完成后应注意保护，防止边角损坏。断料时，应使用锯床进行下料，不得使用火焰切割等设备。

四、拼接组装

根据设计图纸，将下好的半成品料，根据部位逐块进行拼接，拼接处通常采用焊接，对于模具腔内侧，有密封要求的焊缝应满焊，防止混凝土浇筑过程中产生泌水、漏浆，焊缝高度 3～5mm；对于无满焊要求的，一般采用分段等距焊接，焊口长度一般为 3cm，间距一般为 20～30cm。

有底模的模具，先拼接组装底模，然后拼装侧模。制作底模时，先加工型钢底架，然后再安装焊接底板。底模完成后拼接侧模，侧模由下平板、中间立板、上平板及加劲板组合而成；先将下平板固定在底模相应位置，然后拼接立板、平板、加劲板等。部件与部件之间的孔位，在下料时应作周全考虑。

五、变形调整

模具各个部件加工完成后，边模底板等在焊接后形成了整体，不易变形，但是钢板、型钢等受热后会产生变形，所以各个边模及底模在拼接好后，应上整形平台，使用整形压力机进行调直平整，直到模具偏差符合图纸及规范要求方可。

六、模具零配件加工

模具中的预留孔洞、预埋件固定等都需要在模具加工中全面考虑，预留孔洞一般采用机械加工钢棒或者尼龙棒等硬度较高、抗冲击较强、不易变形的材料加工而成。为了保证顺利脱模，一般考虑对加工的预留成型棒进行一定的放坡，一般放坡为 3% 左右。

预埋件的固定：预埋螺母式埋件的固定，可在模具面直接用打孔螺栓固定；对于埋件在手压面的，可采用吊模方式进行固定；有预留凹槽的埋件，深度在 10～30mm 之间，一般由钢板等材料机加工而成。

以楼梯模具为例。楼梯踏步需要预留孔和凹槽配件（图 1-21），面层需要控制模具宽度的拉丝及顶管。楼梯一般采用立模生产，除常规的加工配件外，背部模具设计为滑模，在不借用吊车的情况下，背模可以通过滑轮和轨道进行开合模具，提高模具的可操作性和施工速度。

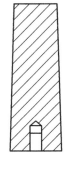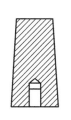

图 1-21　预留孔洞及凹槽加工图

七、模具整体组装及修整

将分别加工的底模、侧模、预留配件等全部进行拼装。在拼装过程中，及时检查各个部件之间的连接是否紧密，模具腔内尺寸是否符合图纸及规范要求，预留孔洞、埋件等位置是否符合图纸及规范要求；检查各部件之间是否有冲突，操作是否简单方便。

在组装过程中，发现问题及时解决，保证模具各方面的参数符合要求。

八、喷漆处理及标记型号

模具加工合格后，对模具外表面进行喷漆处理。一般喷涂颜色以企业的代表颜色为主。喷漆前应将模具喷涂表面进行打磨除锈处理。喷漆完成后，将模具型号、生产单位的信息喷涂在模具的显著位置，并在各个部件外面喷涂部件的主要编号、位置及用途，以方便工人在支拆模过程中找到相应位置，防止出现部件安装错误（图 1-22）。

最终制作完成的模具应进行码放，码放场地应平整坚固。模具码放应水平，

图 1-22　喷漆处理及标记型号后模具

防止码放时扭翘变形等问题发生。码放好的模具应避免雨淋或油污。

第三节　构件生产工序

一、一次浇筑成型构件生产工艺

一次浇筑成型构件包括叠合板、阳台板、空调板、内墙板、楼梯、梁、柱等构件。生产工艺流程如图 1-23。

1. 模具验收

模具在使用前需对模具进行检查验收，模具的验收主要依据图纸及检验标准。模具验收的工具如图 1-24 所示，包括盒尺、方角尺、2m 检测尺、塞尺、小线（一般使用鱼线 9 号线）以及垫块 4 块。

模具检查应遵循先外观目测，后检尺测量原则。检尺测量先外后内，从外框尺寸检查到细部配件定位检查，再到配件自身的尺寸检查。

模具外观检测，首先应该对模具的底架、台模、边模等焊接部位是否牢固、是否有开焊或漏焊等进行检验。其次检查模具所用材料、配件品种规格等是否符合设计图纸的要求。还应检查部件与部件之间的连接是否牢固，预制构件上的预埋件、预留孔洞、外露钢筋位置等是否有可靠的固定、定位措施，及模具是否便于支、拆，是否满足使用周转次数的需求。

满足以上要求后，进行模具尺寸检验。根据图纸要求对模具的长度、宽度、厚度及对角线进行测量检查，使用盒尺测量模具的各个数值，并根据图纸的设计尺寸，计算模具的偏差值，模具偏差值应符合标准规范要求。使用 2m 检测尺配合塞尺对模具底板进行平整度测量，使用小线和垫块测量模具底板的扭翘偏差，将垫块放置在模具底板四角边缘处，将小线呈 X 形状放置在垫块上，用尺测量两线相交处的差值，并将差值乘 2 即为模具扭翘的结果。如果存在相交两线紧贴在一起的情况，应将上下两线对调位置后，再进行检查。如果对调后的两线还是紧贴

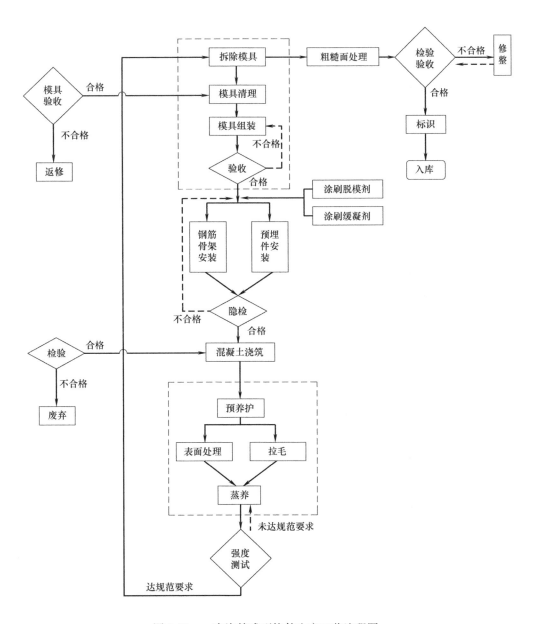

图 1-23　一次浇筑成型构件生产工艺流程图

在一起,说明模具的扭翘值为 0。使用盒尺从端部开始向另一端每隔 60~80cm 测量小线与侧模之间的数值,其中检测的最大数值与垫块的厚度差值即为侧模的最大侧弯值。当模具的尺寸、扭翘、侧弯均满足图纸和规范的要求后,开始检查模具内预留线盒、孔洞、埋件等配件的位置。线盒、孔洞、埋件、企口凹槽的定位应测量平面内两个方向的尺寸是否符合图纸及规范要求。当所有预留预埋部件位置符合图纸要求后,开始检查配件的尺寸,如预留孔洞、企口凹槽配件的尺寸是否符合图纸及规范要求。

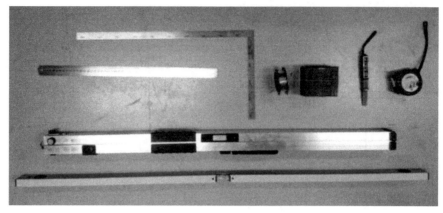

图 1-24　模具验收工具

2. 模具清理

新制模具应使用抛光机进行打磨抛光处理，将模具内腔表面的杂物、浮锈等清理干净。打磨抛光时，应将模具拆分开来，将模具内腔向上，平铺在地上，从一个模具边角开始向外逐步打磨，保证打磨均匀全面，不得跳跃打磨和漏打磨。

经过打磨抛光的模具，使用隔离剂进行清洗，根据模具的干净程度，隔离剂清洗遍数一般在 2～3 次。在无法保证模具内腔干净时，可适当增加清洗遍数。

模具清理后需进行隔离剂涂刷，将模具各个部位内腔面层朝上，统一摆好，使用干净白色棉丝粘调理好的隔离剂，从模具一端向四周逐步涂刷隔离剂，隔离剂可以采用油性蜡质隔离剂，保证构件表面光滑，有光泽，无粘模等问题。涂刷好隔离剂，待隔离剂渗透后，使用干净棉丝，将构件表面涂刷的多余隔离剂清理干净。涂刷隔离剂不得有漏刷、堆积的问题，并应注意不要将隔离剂滴落在钢筋上。图 1-25 为涂刷隔离剂后的模具图片。

图 1-25　模具清理图

缓凝剂的涂刷。因为预制构件部分外露钢筋面设计为粗糙面，工艺设计采用化学粗糙处理方法，在模具相应位置涂刷缓凝剂。缓凝剂可以使用干粉或者液体，涂刷时应均匀，涂刷厚度一致，无漏刷、流淌等问题（缓凝剂应提前涂刷，保证混凝土浇筑时，缓凝剂已经凝固）。

3. 模具组装

（1）模具清理干净后，对模具进行组装。按照模具预留的固定孔位，使用相应的螺栓，构件侧模的固定一般为螺栓固定（图1-26）、磁吸固定（图1-27）等方式，螺栓固定使用更为普遍一些，一般螺栓大小为M12左右，根据侧模的定位孔的位置，在底模相应的位置进行打孔锥丝，最后使用螺栓。按照定位螺栓的位置，将侧模固定在底模上，比较常见的就是在流水线上作业，标准的大模台上进行模具的组装。

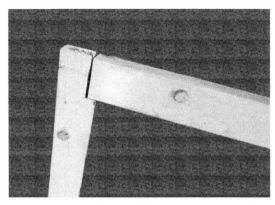

图1-26　螺栓固定

图1-27　磁吸固定

（2）模具组装前需要在模具相互接触连接的地方粘贴密封条，密封条一般为5mm×20mm的发泡密封条。粘贴时，应顺模具内腔轮廓粘贴，粘贴位置宜靠近模具内腔边缘2～3mm。

（3）模具组装时，应注意不要暴力安装，一定要将各个螺栓对准与之对应的螺母试拧，发现丝扣摆放不正时，应及时卸下重新安装紧固。紧固的力量合适即可，不可过大或者拧固不紧。带有销孔销轴的模具，可先将销轴与销孔定位，然后再安装紧固螺栓。

4. 钢筋安装

（1）将验收合格后的钢筋骨架成品，正确使用龙门吊吊至模具内，钢筋骨架应整体吊装。吊装过程中应保证钢筋骨架的水平平行，并采用有效措施防止钢筋骨架变形（图1-28）。

（2）为控制钢筋保护层厚度，用吊杆将钢筋网片吊起，或用塑料垫块将网片支起（图1-29），为保证保护层厚度，禁止出现漏筋现象。

5. 预埋件安装

（1）首先通过图纸配件表确定预埋件、线盒的型号、规格、数量，预留孔洞的大小等信息。

（2）严格按照图纸设计位置安装预埋件、线盒、预留孔洞配件。

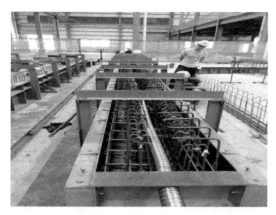

图 1-28 钢筋骨架安装

图 1-29 塑料垫块安装

（3）预埋件应使用螺栓牢固固定于模板和压杠上。

（4）预埋件、线盒在混凝土施工中的保护。

1）混凝土在浇筑过程中，振动棒应避免与预埋件、线盒直接接触，在预埋件附近，需小心谨慎，边振捣边观察预埋件，及时校正预埋件、线盒位置，保证其不产生过大位移。

2）混凝土成型后，需加强养护，防止混凝土产生干缩变形引起预埋件内空鼓，同时，拆模要先拆周围模板，放松螺栓等固定装置，轻击预埋件处模板，待松劲后拆除，以防拆除模板时因混凝土强度过低而破坏锚筋与混凝土之间的握裹力，从而确保预埋件施工质量（图 1-30）。

图 1-30 预埋件安装

6. 混凝土浇筑、振捣

（1）混凝土施工条件：模具验收、模具清理、钢筋验收、预埋件验收完成后，隐检准备好后，填写隐蔽记录，报驻厂监理进行验收，驻厂监理同意验收后方可进行浇筑。

（2）混凝土采用现场搅拌，机械布料机入模浇筑。图 1-31 为叠合板、梁混凝土浇筑。

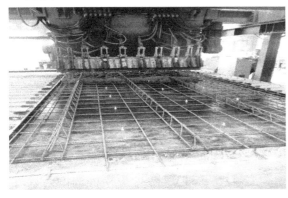

图 1-31 混凝土浇筑

（3）混凝土浇筑前，应有专职检验人员检查混凝土质量。严格按制混凝土坍落度（控制在 120～160mm），对于不合格的混凝土禁止使用。图 1-32 为混凝土坍落度测试。

（4）混凝土在浇筑振捣时观察线盒、预埋件、孔洞位置有无位移，及时校正预埋件位置，保证其不产生过大位移。

（5）混凝土浇筑振捣后刮去多余的混凝土（或填补凹陷），进行粗抹，严格控制厚度，不得有过厚或者过薄的问题，厚度控制要求偏差在 0～3mm 之间。图1-33 为浇筑后混凝土抹面。

图 1-32 混凝土坍落度测试　　　　　图 1-33 浇筑后混凝土抹面

（6）对于楼梯、梁、柱等构件，应分层振捣（300mm 为宜），混凝土振动棒工作时，应将混凝土振动棒垂直或倾斜地插入混凝土中"快插慢拔"，捣振一定时间后即可，振动时混凝土振动棒应上下抽动。由于钢筋较密，混凝土振动棒采用 30 型小型振动棒。混凝土施工从柱根开始逐渐向柱头施工。混凝土施工时振动棒注意不要碰撞预埋铁件，防止其移位。

（7）浇筑完成后，浇筑班组应认真做好浇筑记录。

7. 成型养护

（1）构件浇筑成型后进行蒸汽养护，蒸养制度如下：静停－升温－恒温－降温≈1～2h＋2h＋4h＋2h，根据天气状况可作适当调整。

1）静停 1～2h（根据实际天气温度及坍落度可适当调整）。

2）升温速度控制在 15℃/h。

3）恒温最高温度控制在 60℃。

4）降温速度 15℃/h，当构件的温度与大气温度相差不大于 20℃时，撤除覆盖。

图 1-34　叠合板表面拉毛处理

（2）叠合板在进入养护窑之前需进行表面粗糙处理，拉毛采用机械拉毛（图 1-34），叠合板粗糙面凹凸尺寸不小于 4mm，表面拉毛处理时，对于灰浆较厚的，应从振捣环节、拉毛时机及采用人工辅助加强拉毛，对表面泛光、光滑的毛糙面重新打磨处理，板端中间桁架筋空挡处压光一个 500mm×500mm 区域，为标明工程名称、构件型号、生产日期、生产单位、装配方向、合格状态、监理单位盖章标识等作准备。每个构件型号标识不少于两处。

（3）测温人员填写测温记录，并认真做好交接记录。

8. 脱模起吊

楼梯、楼梯隔墙板、空调板、叠合板等构件强度达到规范要求值方可脱模。较大的构件或者特殊要求的构件强度达到 100％才能脱模起吊。

脱模前要将固定模板和线盒、预埋件的全部螺栓拆除，再打开侧模，用吊装梁或者水平吊装架将构件按照图纸设计的吊点水平吊出。

应根据构件形状、尺寸及重量要求选择适宜的吊具，尺寸较大的构件应选择设置分配梁或分配桁架的吊具吊装，在吊装过程中，吊索与构件水平夹角不宜大于 60°，不应小于 45°；并保证吊车主钩位置、吊具及构件重心在竖直方向重合。

构件脱模后应对模具面（除粗糙面以外）混凝土表面质量进行检查，发现有气泡、裂缝等问题时，单独存放修补。

9. 粗糙面处理工序

构件出模后及时对构件粗糙面按图纸要求做成露骨料面（涂刷缓凝剂＋冲刷）。构件吊出后，应放置在专用的冲洗区，对构件进行高压水冲洗，按图纸要求做成露骨料面（涂刷缓凝剂＋冲刷）。冲洗过程应保持适当的压力，压力过大造成石子被冲洗掉，压力过小造成冲洗不干净，起不到毛糙的效果。冲洗时，还应注意保持冲洗的均匀性，不得有漏冲和过冲的问题发生（图 1-35）。

图 1-35 粗糙面

10. 构件表面修整

构件脱模后存在的一般缺陷,经检验人员判定,不影响结构受力的缺陷可以修补。修补流程:材料及工具准备→基层清理→修补材料调配及修整→养护→表面修饰。

(1)面积较小且数量不多的蜂窝、缺棱掉角、大气泡或露石子的混凝土表面,先用钢丝刷刷去松动部分,再用清水冲洗干净待修理表面的基层,然后用 1∶2 的水泥砂浆抹平。

(2)面积较大的蜂窝、缺棱掉角、露筋或露石子的混凝土表面应按其全部深度凿除其周围的薄弱松动混凝土,再用清水冲洗干净待修理的基层表面,然后用比原混凝土强度等级高一级的细石混凝土填塞,并仔细捣实抹平。

(3)修整后的混凝土构件应采取措施进行保温保湿养护。

11. 质量检验与验收

(1)混凝土强度

混凝土的脱模强度符合规定值。混凝土的 28d 强度应符合《混凝土强度检验评定标准》GB 50107—2010。

(2)外观检验

构件的外观须逐块进行检验,应符合要求。外观质量不符合要求但允许修理的,经技术部门同意后可进行返修,返修项目可重新检验。

(3)尺寸检验

构件的规格尺寸偏差应符合规定。

检验数量:全数检验,在脱模、清理、码放过程中逐项进行检验。实测实量记录要求每天按生产数量的 5% 且不少于 3 件填写。

对不符合质量标准但允许修理的项目,经技术负责人同意后可修理并重新检验。

符合以下要求的构件可定为合格品:a)隐、预检符合设计、规范要求;b)经检验允许偏差符合规范要求。

二、二次浇筑成型构件生产工艺

二次浇筑成型构件包括夹心保温外墙板（保温装饰一体化外墙板）、女儿墙、PCF板、夹心保温阳台板等构件（图1-35）。

注：PCF板基本L形外墙板不浇筑结构层的状态，相比较外墙板也少了浇筑结构层等工序，在生产中注意预留的埋件和吊钩的冲突问题。因为只有外叶装饰层，混凝土厚度较薄。

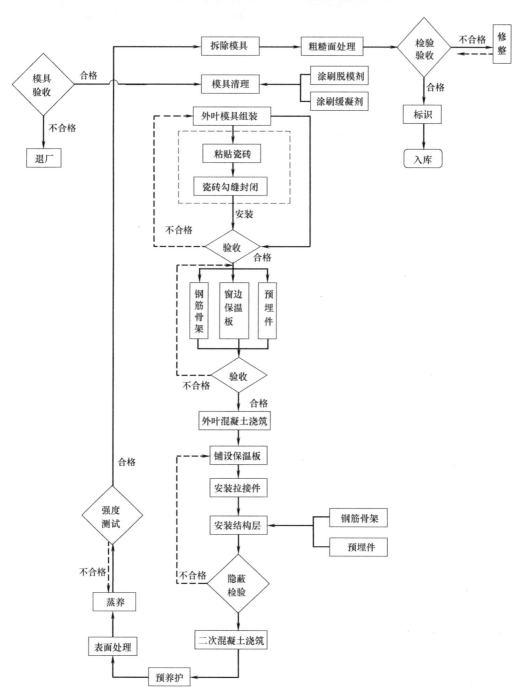

1. 模具验收

（1）模具验收的主要依据包括图纸及检验标准。模具验收的工具一般包括盒尺、方角尺、2m 检测尺、塞尺、小线（一般使用鱼线 9 号线左右）、垫块 4 块（图 1-36）。

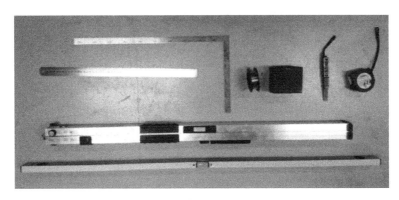

图 1-36　模具验收工具

模具一般为反打生产，采用固定模台模具形式，所加工的构件侧模直接固定在固定模台上，底模为粘贴瓷砖的面层。

（2）模具外观检查：模具验收首先检查模具外观，如模具的底架、台模、边模等部位焊接部位是否牢固、有无开焊或漏焊等问题。其次检查模具所用材料、配件品种规格等是否符合设计图纸的要求。还应检查部件与部件之间的连接是否牢固，预制构件上的预埋件、预留孔洞、外露钢筋位置等均应有可靠的固定、定位措施，并且模具应便于支、拆，满足使用周转次数的需求。

（3）模具尺寸检验：根据图纸要求对模具的长度、宽度、厚度及对角线进行测量检查，使用盒尺测量出模具的各个数值，并根据图纸的设计尺寸，计算出模具的偏差值，模具偏差值应符合标准规范要求。使用 2m 检测尺配合塞尺对模具底板进行平整度测量，使用小线和垫块测量模具底板的扭翘偏差，将垫块放置在模具底板四角边缘处，将小线呈 X 形状放置在垫块上，用尺测量两线相交处的差值，并将差值乘 2 即为模具扭翘的结果。如果存在相交两线紧贴在一起的情况，应将上下两线对调位置再进行检查。如果对调后的两线还是紧贴在一起，说明模具的扭翘值为 0。将小线与两个垫块放置在侧模的立面两端，检查模具侧模的侧向弯曲情况。使用盒尺从端部开始向另一端每隔 60～80cm 左右测量小线与侧模之间的数值，其中检测的最大数值与垫块的厚度差值即为侧模的最大侧弯值。当模具的尺寸、扭翘、侧弯均满足图纸和规范的要求后，开始检查模具内预留线盒、线管、孔洞、埋件等配件的位置。线盒、孔洞、埋件、企口凹槽的定位应测量平面内两个方向的尺寸，是否符合图纸及规范要求。当所有预留预埋部件位置符合图纸要求后，开始检查配件的尺寸，如预留孔洞、企口凹槽配件的尺寸是否符合图纸及规范要求。

　　整个模具检查应遵循先外观目测，后检尺测量原则。检尺测量遵循先外后内，从外框尺寸检查到细部配件定位检查，再到配件自身的尺寸检查。

　　（4）模具清洁度检验：作为模具的台座或底胎应平整光洁，不得有下沉、裂缝、起砂或起鼓，并应保证台座或底胎固定牢固。

　　（5）模具接缝检验：模具接缝应紧密，不得漏浆漏水。钢筋套筒定位，在模具上采用定型螺栓紧固定位方法，加工与套筒内径匹配定型螺栓作为固定工具。

　　（6）模具外露钢筋开孔：模具考虑钢筋外露出筋的定位，外露主筋按照图纸要求位置开孔，孔径大小应保证比钢筋直径大 10mm，并同时使用定制的柔性橡胶圈固定钢筋，既要保证外露主筋的位置，又要保证构件在脱模时的便捷。外露的次要钢筋通过增加两层钢筋中间的定位板（钢板厚度一般 6～8mm）来保证钢筋的保护层厚度。

　　（7）构件背部的预留预埋件、孔洞等不得遗漏，并应保证能够安装牢固。预埋件可以采用吊杠的方式加工，埋件与吊杠之间的空隙不得小于 60mm，保证手工压面的空间。预留孔洞，采用机加工车铣配件，并应考虑相应放坡（一般不小于 3％的放坡）。

2. 模具清理

　　新制模具应使用抛光机进行打磨抛光处理，将模具内腔表面的杂物、浮锈等清理干净。打磨抛光时，应将模具拆分开来，将模具内腔向上，平铺在地上，从一个模具边角开始向外逐步打磨，保证打磨均匀全面，不得跳跃打磨和漏打磨。

　　新制模具清洗，经过打磨抛光的模具，使用隔离剂进行清洗，根据模具的干净程度，隔离剂清洗遍数一般在 2～3 次。在不能保证模具内腔干净时，可适当增加清洗遍数（对于外墙板为瓷砖反打构件，底模面层可以不必使用隔离剂清洗，将浮锈、杂物清理干净即可，防止瓷砖无法与底模固定）。图 1-37 为清理后外墙板模具。

3. 隔离剂与缓凝剂的涂刷

图 1-37　清理后外墙板模具

　　将模具各个部位内腔面层朝上，统一摆好，使用干净白色棉丝粘调理好的隔离剂，从模具一端向四周逐步涂刷隔离剂，隔离剂可以采用油性蜡质隔离剂，保证构件表面光滑、有光泽、无粘模。图 1-38 为涂刷隔离剂后模具。涂刷好隔离剂后，待隔离剂渗透后，使用干净棉丝，将构件表面涂刷的多余隔离剂清理干净。涂刷隔离剂不得有漏刷、堆积的问题，并应注意不要将隔离剂滴落在钢筋上。涂刷过的模具表面禁止脚踩、蹬踏等现象发生。

缓凝剂的涂刷。预制构件墙板，因为部分外露钢筋面设计为毛糙面，工艺设计采用化学毛糙处理方法，在模具相应位置涂刷缓凝剂，缓凝剂可以使用干粉或者液体，涂刷时应均匀，涂刷厚度一致，无漏刷、流淌等问题

图 1-38 涂刷隔离剂后模具

（缓凝剂应提前涂刷，保证混凝土浇筑时，缓凝剂已经凝固）。

4. 模具组装

模具组装前需要在模具相互接触连接的地方粘贴密封条，密封条一般为5mm×20mm 的发泡密封条。粘贴时，应顺模具内腔轮廓粘贴，粘贴位置宜靠近模具内腔边缘 2～3mm。

模具组装前应根据模具编号，将墙板的外叶装饰层模具放置在相应的位置上，根据模具紧固的先后关系，上好模具紧固螺栓。而构件结构层模具先行与准备好的钢筋骨架进行组装，并临时固定好，后边待用。

模具组装时，应注意不要暴力安装，一定要将各个螺栓对准与之对应的螺母进行试拧，发现丝扣摆放不正时，及时卸下重新安装紧固。紧固的力量合适即可，不可过大或者有拧固不紧的现象。带有销孔销轴的模具，可先行将销轴与销孔定位，然后再安装紧固螺栓（图 1-39）。

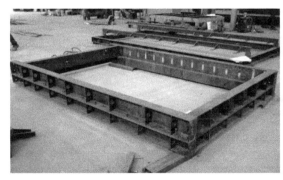

图 1-39 模具组装

5. 粘贴瓷砖（仅对带瓷砖构件）

外墙板构件反打瓷砖。在墙板外叶模具组装完后，根据图纸粘贴瓷砖（图1-40）。对于异型瓷砖应提前切割准备好，根据瓷砖尺寸，在底模上粘贴双面胶带，胶带间距保证每版瓷砖至少有两道双面胶带固定。在加工条件允许的情况下，可

以将瓷砖定位线，使用激光投放在底模上。

图 1-40　粘贴瓷砖图

瓷砖在粘贴过程，根据图纸要求，使用相应颜色的瓷砖，将其固定在模具的特定位置，使用配套的瓷砖分格条将分格条固定在瓷砖缝隙间，保持缝隙的宽度及直线度的一致。粘贴好瓷砖后，应检查瓷砖的颜色、缝隙宽度、缝隙的直线度是否符合图纸及规范要求，对于不符合要求的部位及时进行调整。

6. 瓷砖勾缝密闭（仅对带瓷砖构件）

对于有勾缝颜色要求的，提前购买相应的颜料，勾兑出相应的颜色，经过调配确定好比例，然后使用专用的勾缝工具对瓷砖缝隙密闭，密闭过程应将勾缝水泥浆压实，以保证构件缝隙内光滑密实。

对于勾缝没有颜色要求的，可以使用水泥本色加胶进行勾兑。勾缝密闭过程一定要保证瓷砖每个缝隙密闭完整、密实，不得有漏勾的问题发生。此外，勾缝时，污染瓷砖背面的面积越小越好，一般以不超过 10mm 为宜，以免影响瓷砖的粘结强度（图 1-41）。

图 1-41　带有瓷砖外装饰预制构件

7. 首次钢筋骨架（网片）安装

安装构件外叶装饰层钢筋网片，并按照要求将钢筋网片定位好，带窗口构件保证网片与窗口模具以及上下层的保护层位置准确。

8. 外叶装饰层预埋件、孔洞成型棒安装及浇筑

（1）外叶装饰层埋件、孔洞安装如图 1-42 所示，一般外叶装饰层埋件孔洞包括预埋空调埋件、预留空调穿墙孔洞以及预留现浇模具穿墙通孔等。

（2）预埋空调板埋件在安装时应注意空调埋件内的安装孔洞方向，一般安装孔洞保持与地面平行。

（3）带悬挑飘窗构件的保温板安装，通过保温板定位固定措施，将保温板固定好。构件所用保温板应提前准备好，根据图纸要求放样，并按照要求将连接件孔位开好。

（4）带门窗口的构件，安装门窗固定埋件（防腐木砖）（图 1-43）。根据模具预留 $\phi 5$ 孔洞，使用 3mm ×

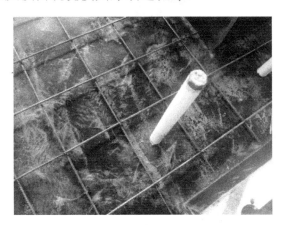

图 1-42 外叶装饰层孔洞预埋件

40mm 的自攻钉，固定防腐木砖。防腐木砖的位置要准确，并且保证木砖平行底模。防腐木砖钢筋应与装饰层网片绑扎固定。

图 1-43 安装门窗固定埋件图

（5）构件外叶装饰层混凝土浇筑，混凝土浇筑前应进行隐蔽检查，确保钢筋规格、数量、位置符合要求，以及预留预埋埋件、孔洞等符合图纸要求。

（6）外叶装饰层的混凝土石子粒径不应超过 16mm，以免影响瓷砖粘结，或者造成振捣不密实。

（7）混凝土浇筑时，应均匀布料，由于外叶装饰层混凝土厚度较薄，宜采用手持式平板振动器振捣混凝土。做到随浇筑随振捣，振捣完成的作业面及时进行平整。

（8）外叶装饰层混凝土浇筑厚度宜控制在 0～3mm 内，不宜控制为正偏差。

图 1-44 保温层安装

（9）安装结构保温层（图 1-44）。根据图纸的要求，将提前裁好的保温板按照要求位置，使用连接件进行固定，并保证连接件与下层混凝土紧密结合，不应扰动下层混凝土。保温板各分块之间以及与模具之间应紧密，避免出现较大的缝隙，以免降低保温效果。

（10）预制带保温板构件一般常用的保温板厚度有 30mm、50mm、60mm、70mm。特别注意一般墙板构件上口有 185mm 高的较薄保温板一般为 30mm 或者 50mm 厚。

（11）保温板连接件的位置、数量应严格按照图纸要求执行。对于处于结构层外的保温板采用平锚的连接件固定，防止结构层模具无法脱模问题发生。

注：PCF 板到此工序已浇筑完毕，下一道工序是试块的制作。

9. 安装结构层钢筋骨架

（1）结构层钢筋骨架（图 1-45）与结构层模具提前组装好，整体吊装到外叶装饰层模具上，对准相应的固定孔位慢慢下落，在下落过程避免与连接件以及飘窗钢筋冲突，如果有冲突地方及时错开。

（2）结构层钢筋骨架就位后，及时将紧固连接螺栓固定好，将飘窗钢筋按照图纸要求，压入结构层内，并与结构层钢筋绑扎牢固。

（3）带窗口构件将门窗口防腐木砖钢筋压入结构层内，确保钢筋能够有效地连接外叶装饰层与结构层。

（4）带窗口构件调整结构层钢筋骨架与门窗口模具、四边以及上下厚度方向的保护层尺寸。调整空调埋件、孔洞与钢筋冲突的地方，保证钢筋与配件互不干扰。

（5）安装结构层预埋件，根据模具加工时提供的定位固定配件，按照对应位置安装埋件。一般结构层埋件包括安装所需的预埋螺母等。

（6）带套筒构件安装套筒灌浆管，

图 1-45 结构层钢筋骨架安装

一般灌浆管采用ϕ18 内径的 PVC 管，外露出手工面层不少于 30mm，保证相同规格套筒灌浆管在一条直线上，并用胶带封堵管头部位，防止漏浆。

（7）进行隐蔽检验，检查钢筋骨架、保护层安装后的模板外形和几何尺寸。钢筋、钢筋骨架、吊环的级别、规格、型号、数量及其位置；预埋件、连接件、外露筋、螺栓预留孔的规格、数量及固定情况；主筋保护层厚度。

（8）隐检准备好后，填写隐蔽记录，报驻厂监理进行验收，驻厂监理同意验收后方可进行浇筑。

10. 浇筑结构层混凝土

（1）混凝土浇筑前，应有专职检验人员检查混凝土质量。对于不合格的混凝土禁止使用。

（2）混凝土布料要均匀，振捣时应注意埋件及保温板的位置，避免破坏保温板，对于边角，钢筋密集的地方要更加注意，防止出现振捣不实问题发生（图 1-46）。

（3）混凝土浇筑成型后，将其操作面抹平压光（图 1-47）。混凝土收面过程要求用杠尺刮平，手压面应从严控制（平整度 3mm 内），特别是带窗口构件的窗口周边。要达到标准要求，一般做法为：

图 1-46 结构层混凝土浇筑　　　　　图 1-47 混凝土操作面抹光压平

粗抹平：刮去多余的混凝土（或填补凹陷），进行粗抹。

中抹平：待混凝土收水并开始初凝后，用铁抹子抹光面，达到表面平整、光滑。

精抹平（1～3 遍）：在初凝后，使用铁抹子精工抹平，力求表面无抹子痕迹，满足平整度要求。

（4）浇筑完成后，浇筑班组应认真做好浇筑记录。

11. 试块制作

同种配合比的混凝土每工作班取样一次，做抗压强度试块不少于 3 组（每组 3 块），分别代表出模强度、出厂强度（1 组）及 28d 强度。试块与构件同时制作，同条件蒸汽养护，出模前由试验室压试块并开出混凝土强度报告，满足出模要求方可出模。

12. 蒸气养护

构件浇筑成型后覆盖进行蒸汽养护，蒸养制度如下：静停－升温－恒温－降温≈1~2h＋2h＋4h＋2h，根据天气状况可作适当调整。

（1）静停 1~2h（根据实际天气温度及坍落度可适当调整）。

（2）升温速度控制在 15℃/h。

（3）恒温最高温度控制在 60℃。

（4）降温速度 15℃/h，当构件的温度与大气温度相差不大于 20℃时，撤除覆盖。

测温人员填写测温记录，并认真作好交接记录。

13. 脱模、起吊翻转与表面处理

（1）脱模

1）当混凝土强度达到设计强度的 75% 时方可脱模。

2）脱模前要将固定模具和埋件的全部螺栓拆除，再打开侧模，用水平吊环或吊母吊出构件。

3）应根据构件形状、尺寸及重量要求选择适宜的吊具，尺寸较大的构件应选择设置分配梁或分配桁架的吊具吊装，在吊装过程中，吊索与构件水平夹角不宜大于 60°，不应小于 45°；保证吊车主钩位置、吊具及构件重心在竖直方向重合。

4）吊出的构件放置在修补架上，在修补合格后，吊车吊钩挂住构件侧面吊环徐徐起吊进行翻转。翻转时应注意不损伤构件。

（2）表面处理

1）构件翻转后，应及时用铲子和棉丝仔细清理，清理时不应损伤构件表面及边角。

2）构件四周结构层按图纸要求做成露骨料面（涂刷缓凝剂＋冲刷）（图 1-48）。

图 1-48 粗糙面处理

3）瓷砖表面使用草酸或瓷砖清洗剂，将瓷砖表面灰浆清洗干净，露出瓷砖本色。

（3）修整

构件出模翻转后，存在的一些缺陷，经技术人员判定，不影响结构受力的缺陷可以修补。

修补材料

品牌：JM-X 型混凝土修补砂浆

性能：固化迅速、抗压强度高，28d 抗压强度大于 50MPa。

1）混凝土缺棱掉角缺陷修补

① 基层清理：对要修补部分，先剔除松动部分，清除表面浮灰，并对基层进行预湿。

② 修补砂浆配制：施工时，先将干粉重量14％～17％的水倒入桶中，再将干料倒入，用电动搅拌器将之搅拌均匀。没有电动搅拌器时也可用人工搅拌。

③ 将搅拌好的修补砂浆用抹子直接抹到混凝土缺陷表面，填实补齐后收水压光。如修补空间较深，建议分层施工，而且在分层施工时，应在上一层初始硬化刚有强度时即抹下一层，以增强层间粘结力，使两层形成牢固的整体。

2）混凝土表面气泡修补

严格控制混凝土表面气泡问题，对于局部且数量较少、直径小于2mm的气泡可以不修，大于3mm或局部分布较多的气泡用水预湿后再用修补砂浆填实抹平。

3）面砖饰面表面缺陷的修理

① 反打成型工艺生产的面砖饰面构件，如存在个别面砖破损或跑位偏移的外观缺陷，应剔除有缺陷的面砖，剔除深度应比面砖厚度深5～10mm，将修补部位的混凝土表面凿毛后再用清水冲洗干净，用高强修补料加水搅匀后涂抹于面砖背面，然后贴砖，注意胶粘剂要略有富余，找正后压实并用橡皮锤轻轻调平，砖缝用专用的泡沫塑料条成型，保证砖缝的宽度和深度尺寸；

② 对于带瓷砖构件砖缝存在的深浅不一缺陷，要用专用工具进行修整，注意避免损坏面砖及其粘结质量。

14. 质量检验与评定

（1）混凝土强度

混凝土的脱模强度符合规定值。混凝土的28d强度应符合《混凝土强度检验评定标准》GB 50107。

（2）外观检验

构件的外观须逐块进行检验。外观质量不符合要求但允许修理的，经技术部门同意后可进行返修，返修项目可重新检验。

（3）尺寸检验

构件的规格尺寸偏差检验数量：全数检验，在脱模、清理、码放过程中逐项进行检验。实测实量记录。

（4）质量评定

符合以下要求的构件可定为合格品：a）隐、预检符合设计、规范要求；b）经检验，允许偏差符合规范要求。

第四节　构件码放运输工序

1. 构件成品盖章入库前由检验人员认真核对构件型号、尺寸、外观、外露钢筋（尺寸、型号），检查手工压面表面平整度及构件内预留、预埋洞口埋件等是否齐全且保证满足标准要求，由检验员加盖自己的"检验章"及"合格章"入库，代表构件检验合格，并填写相应的构件成品检验记录。

2. 堆放场地应为混凝土地坪，应平整、坚实、排水良好。

3. 所有清水构件表面接触的材料均应有隔离措施，包裹无污染塑料膜。

4. 叠层码放时，垫木均应上下对正，每层构件间的垫木或垫块应在同一垂直

图 1-49　预制构件码放

线上，竖直传力，叠合板、空调板最高码放不宜超过 5 层。除按照吊点部位码放垫木外，中间吊点部位应塞入预支撑的楔形垫木，这样可以在构件中间出现下垂时，能够起到一定的支撑作用。但中间垫木千万不要顶起来，否则容易将板顶裂。

5. 垫木应根据构件平起吊点位置设置，且不可放置在构件受力薄弱位置。

6. 成品库管理人员应与生产班组作好构件交接记录；记录内容应明确构件型号、数量、外观质量情况。

7. 其他注意事项

应安排专人负责码放区管理，对码放构件实行监督，有异常问题及时上报。禁止外部人员对堆放的构件进行踩踏、推动等施加外力行为。禁止在构件上倾倒垃圾、泼洒污水。

8. 运输

预制构件体形高大异型、重心不一，一般运输车辆不适宜装载，因此需要改装降低车辆装载重心高度、设置车辆运输稳定专用固定支架。预制构件运输组合示意见图 1-50。

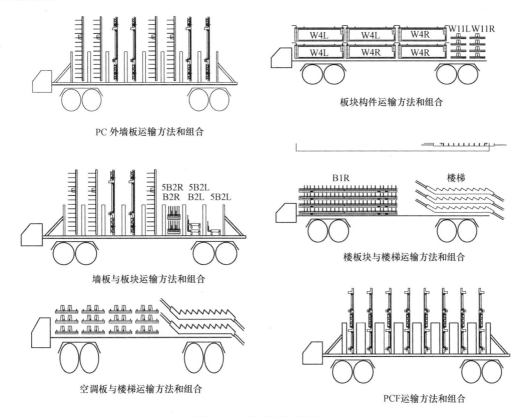

PC 外墙板运输方法和组合

板块构件运输方法和组合

墙板与板块运输方法和组合

楼板块与楼梯运输方法和组合

空调板与楼梯运输方法和组合

PCF运输方法和组合

图 1-50　预制构件运输组合

预制叠合板、空调板、阳台板、楼梯等采用水平运输，预制外墙板、女儿墙等构件一般采用竖向运输。预制构件运输，装车时应采取可靠的保护、支垫及固定措施。保证在运输途中的安全，防止构件损坏。图 1-51 为预制夹心保温外墙板竖向运输及阳台板横向运输图。

图 1-51　预制构件运输

　　运输负责部门应制订严谨的运输方案，包括车辆型号、运输路线、现场装卸及堆放等。

　　采用汽车夜间运输，合理安排车辆保证按计划供应。运输过程采取以下保护措施：a）合理选择运输车辆和线路；b）运输过程构件要捆扎牢固，防止磕碰损坏棱角；c）装卸过程应采用吊绳、吊带、吊杠吊装。

第二章　构件生产相关试验

第一节　原材料试验

一、水泥

1. 基本概念

指经磨细、加水搅拌后成为塑性浆体，能在空气或者水中硬化，并能把砂、石等材料牢固地胶结在一起的水硬性胶凝材料。

以硅酸盐水泥熟料和适量的石膏及规定的混合材料制成的水硬性胶凝材料为通用硅酸盐水泥。在普通混凝土构件生产中使用的水泥一般为普通硅酸盐水泥（P. O42.5、P. O42.5R 等）。

2. 在混凝土中的作用

水泥是混凝土构件最重要的组成材料，在硬化前，水泥浆起润滑作用，赋予拌合物一定和易性，便于施工。水泥浆硬化后，则将骨料胶结成一个坚实的整体。

3. 性能试验

（1）车检项目

合格证、出厂检验报告、温度、比表面积（对此有要求的）、颜色（对此有要求的）。

（2）型检项目

烧失量、三氧化硫、氧化镁、碱含量、凝结时间、安定性、抗折强度、抗压强度、细度、放射性、密度、标准稠度用水量，普通硅酸盐水泥应提供比表面积、混合材品种及掺加比例（检验周期为一年）。

（3）复试项目及执行标准

水泥复试项目及执行标准　　　　　　　　　　　表 2-1

试验项目	执 行 标 准
胶砂强度	《水泥胶砂强度检验方法(ISO 法)》GB/T 17671
标准稠度用水量	《水泥标准稠度用水量、凝结时间、安定性检验方法》GB/T 1346
凝结时间	
安定性	

注：安定性不良会使水泥制品或混凝土构件产生膨胀性裂缝，降低建筑物质量，甚至引起严重事故；水泥需水量越大，同样水胶比条件下混凝土拌合物的流动性就越差；凝结时间直接影响混凝土的相关性能，也可反映水泥的矿物组成、细度等的变化。

（4）复试频率及留样数量

1）《混凝土质量控制标准》GB 50164 规定：散装水泥应每 500t 为一个检验批。

2）《预拌混凝土质量管理规程》DB 11/385 规定：同厂家、同品种、同等级的散装水泥不超过 500t 为一检验批。当同厂家、同品种、同等级的散装水泥连续进场且质量稳定时，可按不超过 1000t 为一检验批，超过 3 个月应进行复检。

3）构件生产过程中水泥使用量相对较小，可 500t 为一检验批，也可按更少量为一检验批，增加检验频次，以便控制水泥质量，稳定生产。

4）按《水泥取样方法》GB 12573 进行取样（图 2-1），取样数量不少于 20kg，缩分为两份（图 2-2），一份按相关标准进行检验，另一份密封保存三个月（图 2-3）。

图 2-1　水泥取样　　　　　图 2-2　水泥封样　　　　　图 2-3　封样装桶

4. 主要技术指标

（1）强度指标（表 2-2）

通用硅酸盐水泥不同龄期的强度　　　　　　　　　　表 2-2

品种	强度等级	抗压强度/MPa		抗折强度/MPa	
		3d	28d	3d	28d
硅酸盐水泥	42.5	≥17.0	≥42.5	≥3.5	≥6.5
	42.5R	≥22.0		≥4.0	
	52.5	≥23.0	≥52.5	≥4.0	≥7.0
	52.5R	≥27.0		≥5.0	
	62.5	≥28.0	≥62.5	≥5.0	≥8.0
	62.5R	≥32.0		≥5.5	
普通硅酸盐水泥	42.5	≥17.0	≥42.5	≥3.5	≥6.5
	42.5R	≥22.0		≥4.0	
	52.5	≥23.0	≥52.5	≥4.0	≥7.0
	52.5R	≥27.0		≥5.0	

续表

品种	强度等级	抗压强度/MPa		抗折强度/MPa	
		3d	28d	3d	28d
矿渣硅酸盐水泥 火山灰质硅酸盐水泥 粉煤灰硅酸盐水泥 复合硅酸盐水泥	32.5	≥10.0	≥32.5	≥2.5	≥5.5
	32.5R	≥15.0		≥3.5	
	42.5	≥15.0	≥42.5	≥3.5	≥6.5
	42.5R	≥19.0		≥4.0	
	52.5	≥21.0	≥52.5	≥4.0	≥7.0
	52.5R	≥23.0		≥5.0	

注：引自《通用硅酸盐水泥》GB 175—2007。

水泥胶砂强度测试所需设备仪器如图 2-4～图 2-6。

图 2-4　胶砂试模

图 2-5　胶砂搅拌机

图 2-6　胶砂强度试验

（2）细度指标

硅酸盐水泥和普通硅酸盐水泥的细度以比表面积表示，所用仪器设备为比表面积测定仪（图 2-7），比表面积不小于 $300m^2/kg$；矿渣硅酸盐水泥、火山灰质硅酸盐水泥、粉煤灰硅酸盐水泥和复合硅酸盐水泥的细度以筛余表示，$80\mu m$ 方孔筛筛余不大于 10％ 或 $45\mu m$ 方孔筛筛余不大于 30％，所用仪器设备为负压筛析仪（图 2-8）。

（3）凝结时间

硅酸盐水泥初凝时间不小于45min，终凝时间不大于390min。

普通硅酸盐水泥、矿渣硅酸盐水泥、火山灰质硅酸盐水泥、粉煤灰硅酸盐水泥和复合硅酸盐水泥初凝时间不小于45min，终凝时间不大于600min。

凝结时间测定采用维卡仪（图2-9）。

图2-7 比表面积仪

图2-8 负压筛析仪

图2-9 维卡仪

（4）安定性

安定性测定方法分为标准法（雷氏法）和代用法（饼法）。

当用饼法时，目测无裂缝，用直尺检查也没有弯曲的试饼为安定性合格。

当用雷氏法时，当两个试件煮后增加距离的平均值不大于5.0mm时，即认为水泥安定性合格。

二、矿物掺合料

1. 基本概念

矿物掺合料是指在配置混凝土时加入的能改变新拌混凝土和硬化后混凝土性能的无机矿物细粉。在普通混凝土构件生产中使用的矿物掺合料一般有粉煤灰（电厂煤粉炉烟道气体中收集的粉末）、粒化高炉矿渣粉（以粒化高炉矿渣为主要原料，可加入少量石膏磨制成一定细度的粉体）等。

2. 在混凝土中的作用

优质合理的矿物掺合料的掺入可降低混凝土温升，改善工作性能，增进后期强度，并可改善混凝土的内部结构，提高混凝土耐久性、抗渗性、抗腐蚀能力。

掺入适当比例的优质粉煤灰可显著改善混凝土拌合物的和易性，但如果粉煤灰的烧失量或需水量较大则会导致混凝土的流动性变差。

掺入适量的磨细矿渣粉，可提高混凝土拌合物的粘聚性和流动性。

3. 性能试验

（1）车检项目

合格证、比表面积（矿粉）/细度（粉煤灰）、颜色。

（2）型检项目

粉煤灰：细度、需水量比、烧失量、含水量、三氧化硫、游离氧化钙、安定性、放射性、碱含量、氯离子、密度［检验周期为半年（放射性一年）］。

矿渣粉：密度、比表面积、活性指数、流动度比、含水量、三氧化硫、氯离子、烧失量、玻璃体含量、放射性、碱含量（检验周期为一年）（图2-10）。

（3）复试项目及执行标准

1）粉煤灰试验项目及执行标准（表2-3）

粉煤灰试验项目及执行标准   表2-3

试验项目	执 行 标 准
细度	《用于水泥和混凝土中的粉煤灰》GB/T 1596
需水量比	
烧失量	《水泥化学分析方法》GB/T 176

注：粉煤灰的颗粒越细，微小的玻璃球形颗粒越多，比表面积也越大，其活性就越高；细度越小的粉煤灰，其混凝土的孔隙率越小，干燥收缩越小；需水量比直接影响混凝土配合比用水量的问题；烧失量越大，含碳量就越高，混凝土的需水量就越大，同时也会影响含气量的控制。

图2-10 流动度测定仪

2）粒化高炉矿渣粉试验项目及执行标准（表2-4）

粒化高炉矿渣粉试验项目及执行标准   表2-4

试验项目	执 行 标 准
比表面积	《水泥比表面积测定方法 勃氏法》GB/T 8074
活性指数	《用于水泥和混凝土中的粒化高炉矿渣粉》GB/T 18046
流动度比	

注：比表面积可反映矿粉的颗粒粗细程度，影响水泥浆体的微观结构；如活性指数不高，将直接影响混凝土强度的增长速度及最终强度；流动度比则会影响混凝土的流动性。

（4）复试频率及留样数量

1)《混凝土质量控制标准》GB 50164 规定：同厂家、同规格且连续进场的粉煤灰、矿渣粉、沸石粉不超过 200t 为一检验批。

2)《混凝土矿物掺合料应用技术规程》DB11/T 1029 规定：同厂家、同品种、同等级的粉煤灰连续进场时不超过 200t 为一检验批。同厂家、同品种、同等级的矿渣粉连续进场时不超过 500t 为一检验批。

3) 建议同水泥一样，为加强对材料的质量控制，同厂家、同品种、同等级的粉煤灰、矿粉均采用 200t 或更小批量为一检验批。

4) 均按《水泥取样方法》GB 12573 进行取样，取样数量不少于 10kg，缩分为两份，一份按相关标准进行检验，另一份密封保存三个月。

4. 主要技术指标

(1) 粉煤灰主要技术指标（表 2-5）

粉煤灰主要技术指标 表 2-5

检验项目		标准要求		
		Ⅰ级	Ⅱ级	Ⅲ级
细度（45um 方孔筛筛余），不大于/%	F 类	12.0	25.0	45.0
	C 类			
需水量比，不大于/%	F 类	95	105	115
	C 类			
烧失量，不大于/%	F 类	5.0	8.0	15.0
	C 类			
含水量，不大于/%	F 类	1.0		
	C 类			
三氧化硫，不大于/%	F 类	3.0		
	C 类			
游离氧化钙，不大于/%	F 类	1.0		
	C 类	4.0		
安定性，不大于/%	C 类	5		

注：引自《用于水泥和混凝土中的粉煤灰》GB 1596—2005。

(2) 矿渣粉主要技术指标（表 2-6）

矿渣粉主要技术指标 表 2-6

检验项目		标准要求		
		S105	S95	S75
密度（g/cm³）		≥2.8		
比表面积（m²/kg）		≥500	≥400	≥300
活性指数/%	7d	≥95	≥75	≥55
	28d	≥105	≥95	≥75
流动度比/%		≥95		

续表

检验项目	标准要求		
	S105	S95	S75
氯离子(质量分数)/%	≤0.06		
烧失量(质量分数)/%	≤3.0		
三氧化硫(质量分数)/%	≤4.0		
含水量(质量分数)/%	≤1.0		
玻璃体含量(质量分数)/%	≥85		
放射性	合格		

注：引自《用于水泥和混凝土中的粒化高炉矿渣粉》GB/T 18046—2008。

三、砂

1. 基本概念

砂有天然砂和人工砂之分。天然砂是指由自然条件作用而形成的，公称粒径小于5.00mm的岩石颗粒；人工砂是指岩石经除土、破碎、筛分而成的，公称粒径小于5.00mm的岩石颗粒。砂按细度模数（μ_f）分为粗砂（3.1～3.7）、中砂（2.3～3.0）、细砂（1.6～2.2）、特细砂（0.7～1.5），在普通混凝土构件生产中使用的砂一般为中砂。

2. 在混凝土中的作用

砂、石通称为集料，在混凝土中所占体积约为70%～80%，起填充作用，同时混凝土的强度、体积稳定性、耐久性等也会受集料好坏的影响。

3. 性能试验

（1）车检项目

三联单（合格证）；级配、含泥量、泥块含量、杂质（目测）；含水率。

（2）型检项目

颗粒级配、细度模数、含泥量（天然砂）、石粉含量（机制砂）、泥块含量、有害物质、坚固性、表观密度、堆积密度、空隙率、压碎指标（机制砂）、碱活性、放射性、氯离子含量、含水率、亚甲蓝值（机制砂）。（检验周期为一年）

（3）复试项目及执行标准（表2-7）

砂复试项目及执行标准　　　　　　　　　　表2-7

试验项目	执行标准
颗粒级配	《普通混凝土用砂、石质量及检验方法标准》JGJ 52
含泥量(石粉含量)	
泥块含量	

注：级配不好，空隙大，胶材用量就要大，胶材用量不变强度就低；含泥量、泥块含量对混凝土的坍落度、经时损失、用水量、强度、耐久性都有很大影响；天然砂的引气量大于机制砂，且粒径为0.15～0.6mm的细颗粒越多，引气量越大。

（4）复试频率及留样数量

1)《普通混凝土用砂、石质量及检验方法标准》JGJ 52规定：使用单位应按砂或石同产地同规格分批验收。采用大型工具（如火车、货船或汽车）运输的，应按 400m³ 或 600t 为一验收批。采用小型工具（如拖拉机等）运输的，应以 200m³ 或 300t 为一验收批。

2）《预拌混凝土质量管理规程》DB 11/385 规定：同一产地、同一规格每 400m³ 或 600t 为一验收批，不足 400m³ 或 600t 也按一验收批；当砂比较稳定、进料量又较大时，可以 1000t 一验收批；如所用砂为连续供应、来源稳定时，每周抽检不少于一次。

3）对砂的来料检验同样以控制质量为目的，应根据实际使用量来确定组批数量。

4）砂试验无需留封样（图 2-11、图 2-12）。

4. 砂主要技术指标

（1）砂颗粒级配区

砂颗粒级配区　　　　　　　　　　　　　　　　　　　表 2-8

公称粒径 ＼ 累计筛余(%) ＼ 级配区	Ⅰ区	Ⅱ区	Ⅲ区
5.00mm	10～0	10～0	10～0
2.50mm	35～5	25～0	15～0
1.25mm	65～35	50～10	25～0
630μm	95～71	70～41	40～16
315μm	95～80	92～70	85～55
160μm	100～90	100～90	100～90

注：除特细砂外，三个级配区按砂的颗粒级配中公称直径 630μm 筛孔的累计筛余量，且砂的颗粒级配按在表 2-8 中的某一区内进行划分；砂的实际颗粒级配与表 2-8 中的累计筛余相比，除公称粒径为 5.00mm 和 630μm 的累积筛余外，其余公称粒径的累计筛余可稍有超出分界线，但总超出量不应大于 5%；配制混凝土时宜优先选用Ⅱ区砂，当采用Ⅰ区砂时，应提高砂率，并保持足够的水泥用量，满足混凝土的和易性，当采用Ⅲ区砂时，宜适当降低砂率。

图 2-11　砂子取样

图 2-12　砂石筛分试验

（2）砂含泥、泥块含量（表 2-9）

砂含泥、泥块含量　　　　　　　　　　　　　　　　　表 2-9

混凝土强度等级	≥C60	C55～C30	≤C25
含泥量(按质量计)/%	≤2.0	≤3.0	≤5.0
泥块含量(按质量计)/%	≤0.5	≤1.0	≤2.0

注：对于有抗冻、抗渗或其他特殊要求的小于或等于 C25 混凝土用砂，其含泥量不应大于 3.0%，泥块含量不应大于 1.0%。

（3）人工砂石粉含量（表2-10）

人工砂石粉含量

表 2-10

混凝土强度等级		≥C60	C55-C30	≤C25
石粉含量/%	$MB<1.4$(合格)	≤2.0	≤3.0	≤5.0
	$MB>1.4$(不合格)	≤0.5	≤1.0	≤2.0

四、石

1. 基本概念

石有碎石和卵石之分。碎石是指天然岩石或卵石经破碎、筛分，公称粒径大于5.00mm的岩石颗粒；卵石是指由自然条件作用形成的，公称粒径大于5.00mm的岩石颗粒。

2. 在混凝土中的作用

与砂相同，均起骨架作用。水泥浆收缩很大，砂石对抑制收缩、稳定体积很有用。

3. 性能试验

（1）车检项目

三联单（合格证）；级配、含泥量、泥块含量、杂质（目测）。

（2）型检项目

颗粒级配、含泥量和泥块含量、针片状颗粒含量、有害物质、坚固性、强度、颗粒级配、表观密度、堆积密度、紧密密度、空隙率、碱活性、放射性、氯离子含量、吸水率、含水率。（检验周期为一年）

（3）复试项目及执行标准（表2-11）

石复试项目及执行标准

表 2-11

试 验 项 目	执 行 标 准
颗粒级配	《普通混凝土用砂、石质量及检验方法标准》JGJ 52
含泥量	
泥块含量	
压碎指标值	
针片状含量	

注：石子粒型较圆、表面光滑、级配良好时，混凝土拌合物的流动性相对较大，混凝土密实度也相对较好，有利于耐久性要求；骨料的粒型、表面粗糙程度对强度影响显著，通常碎石混凝土强度高于卵石配置的同配比混凝土抗压强度；含泥量和泥块含量较大时会对强度产生不利影响。

（4）复试频率及留样数量

1）《普通混凝土用砂、石质量及检验方法标准》JGJ 52 规定：使用单位应按砂或石同产地同规格分批验收。采用大型工具（如火车、货船或汽车）运输的，应按 400m³ 或 600t 为一验收批。采用小型工具（如拖拉机等）运输的，应以 200m³ 或 300t 为一验收批。

2）《预拌混凝土质量管理规程》DB 11/385 规定：同一产地、同一规格每 400m³ 或 600t 为一验收批，不足 400m³ 或 600t 也按一验收批；当石子比较稳定、进料量又较大时，可以 1000t 一验收批；如所用石子为连续供应、来源稳定时，每周抽检不少于一次。

3）对石的来料检验同样以控制质量为目的，应根据实际使用量来确定组批数量。

4）石试验无需留封样。

4. 石主要技术指标

（1）石颗粒级配范围（表 2-12）

石颗粒级配范围　　　　　　　　　表 2-12

级配情况	公称粒径/mm	累计筛余，按质量/%										
		方孔筛筛孔边长尺寸/mm										
		2.36	4.75	9.5	16.0	19.0	26.5	31.5	37.5	53	63	75
连续粒级	5～10	95～100	80～100	0～15	0							
	5～16	95～100	85～100	30～60	0～10	0						
	5～20	95～100	90～100	40～80	—	0～10	0					
	5～25	95～100	90～100	—	30～70	—	0～5	0				
	5～31.5	95～100	90～100	70～90	—	15～45	—	0～5	0			
	5～40		95～100	70～90	—	—	—	—	0～5	0		
单粒级	10～20	—	95～100	85～100	—	0～15	0					
	16～31.5	—	95～100	—	85～100	—	—	0～10	0			
	20～40	—	—	95～100	—	80～100	—	—	0～10	0		
	31.5～63	—	—	—	95～100	—	—	75～100	45～75	—	0～10	0
	40～80	—	—	—	—	95～100	—	—	70～100	—	30～60	0～10

（2）石含泥量、泥块含量、针片状颗粒含量指标（表 2-13）

石含泥量、泥块含量、针片状颗粒含量指标　　　　表 2-13

混凝土强度等级	≥C60	C55～C30	≤C25
含泥量（按质量计）/%	≤0.5	≤1.0	≤2.0
泥块含量（按质量计）/%	≤0.2	≤0.5	≤0.7
针、片状颗粒含量（按质量计）/%	≤8	≤15	≤25

注：对于有抗冻、抗渗或其他特殊要求的混凝土，其所用碎石或卵石中含泥量不应大于1.0%。当碎石或卵石的含泥是非黏土质的石粉时，其含泥量可由表2-13的0.5%、1.0%、2.0%分别提高到1.0%、1.5%、3.0%。
对于有抗冻、抗渗或其他特殊要求强度等级小于C30的混凝土，泥块含量不应大于0.5%。

（3）石压碎指标（表2-14、表2-15）

碎石压碎指标　　　　　　　　　　　　　　　　　　　　　表2-14

岩石品种	混凝土强度等级	碎石压碎值指标/%
沉积岩	C60～C40	≤10
	≤C35	≤16
变质岩或深成的火成岩	C60～C40	≤12
	≤C35	≤20
喷出的火成岩	C60～C40	≤13
	≤C35	≤30

注：1. 沉积岩包括石灰岩、砂岩等；变质岩包括片麻岩、石英岩等；深成的火成岩包括花岗岩、正长石、闪长岩和橄榄岩等；喷出的火成岩包括玄武岩和辉绿岩。
　　2. 岩石的抗压强度应比所配置的混凝土强度至少高20%。
　　3. 当混凝土强度等级大于或等于C60时，应进行岩石抗压强度检验。

卵石石压碎值指标　　　　　　　　　　　　　　　　　　　表2-15

混凝土强度等级	C60～C40	≤C35
压碎值指标/%	≤12	≤16

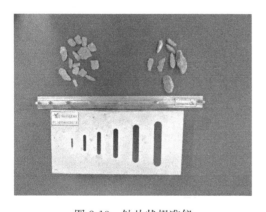

图2-13　针片状规准仪

图2-14　石子压碎仪

五、外加剂

1. 基本概念

混凝土外加剂是一种在混凝土搅拌之前或拌制过程中加入的，用以改善新拌混凝土和（或）硬化混凝土性能的材料。

混凝土外加剂按其主要功能分为四类：

（1）改善混凝土拌合物流变性能的外加剂，包括各种减水剂、引气剂和泵送剂等。

（2）调节混凝土凝结时间、硬化性能的外加剂，包括缓凝剂、早强剂和速凝剂等。

（3）改善混凝土耐久性的外加剂，包括引气剂、防水剂和阻锈剂等。

（4）改善混凝土其他性能的外加剂，包括加气剂、膨胀剂、着色剂、防冻剂、防水剂和泵送剂等。

目前构件混凝土生产通常使用的外加剂为早强型高性能减水剂、标准型高性能减水剂。这里主要介绍减水剂的相关试验，其他种类外加剂不作——介绍。

2. 在混凝土中的作用

外加剂能有效地改善混凝土的性能。高性能减水剂使水泥粒子能得到充分的分散，用水量大大减少，水泥潜能得到充分发挥，使水泥石较为致密，孔结构和界面区微结构得到很好的改善，从而使得混凝土的物理力学性能有了很大的提高，改善和易性，还可以提高混凝土的耐久性。

3. 性能试验

（1）车检项目

合格证、出厂匀质性报告单；pH 值、密度。

（2）型检项目

匀质性：氯离子含量、总碱量、含固量（液体）、含水率（粉体）、密度（液体）、细度（粉体）、pH 值、硫酸钠含量；受检混凝土性能：减水率、泌水率比、含气量、凝结时间之差、1h 经时变化量、抗压强度比、收缩率比、相对耐久性、由外加剂带入混凝土的碱总量、掺入混凝土中外加剂氯离子含量、游离甲醛含量（检验周期为一年）。

（3）复试项目及执行标准（表 2-16）

外加剂复试项目及执行标准　　　　　　　表 2-16

试验项目	执行标准
PH 值、密度	《混凝土外加剂》GB 8076 《混凝土外加剂匀质性试验方法》GB 8077 《混凝土外加剂应用技术规程》GB 50119 《聚羧酸系高性能减水剂》JG/T 223
减水率	
含固量	
1d 抗压强度比（早强型）	
含气量及含气量经时损失（引气型）	
凝结时间差（缓凝型）	

（4）复试频率及留样数量

1）《混凝土外加剂应用技术规范》GB 50119 规定：同厂家、同品种的外加剂不超过 50t 为一检验批。当同厂家、同品种的外加剂连续进场且质量稳定时，可按不超过 100t 为一检验批，且每月检验不得少于一次。

2）每一检验批取样量不应少于 0.2t 胶凝材料所需用外加剂量。缩分为两份，一份按相关标准进行检验，另一份密封保存六个月。

4. 外加剂主要性能指标（表 2-17）

外加剂主要性能指标　　　　　　　　　　　　　　　　　　　　表 2-17

项目		外加剂品种						
		高性能减水剂 HPWR			普通减水剂 WR			早强剂 AC
		早强型 HPWR-A	标准型 HPWR-S	缓凝性 HPWR-R	早强型 WR-A	标准型 WR-S	缓凝性 WR-R	
减水率/%,不小于		25	25	25	8	8	8	—
泌水率比/%,不大于		50	60	70	95	100	100	100
含气量/%		≤6.0	≤6.0	≤6.0	≤4.0	≤4.0	≤5.0	—
凝结时间差 min	初凝	−90～+90	−90～+120	>90	−90～+90	−90～+120	>90	−90～+90
	终凝			—			—	
1h 经时变化量	坍落度/mm	—	≤80	≤60	—	—	—	—
	含气量/%	—	—	—	—	—	—	—
抗压强度比 /%,不小于	1d	180	170	—	135	—	—	135
	3d	170	160	—	130	115	—	130
	7d	145	150	140	110	115	110	110
	28d	130	140	130	100	110	110	100
收缩率比/%,不大于	28d	110	110	110	135	135	135	135

注：1. 表中抗压强度比、收缩率比为强制性指标，其余为推荐性指标。

2. 除含气量和相对耐久性外，表中所列数据为掺外加剂混凝土与基准混凝土的差值或比值。

3. 凝结时间之差性能指标中"—"号表示提前，"+"表示延缓。

六、钢筋

1. 基本概念

指钢筋混凝土用和预应力钢筋混凝土用钢材，其横截面为圆形，有时为带有圆角的方形，包括光圆钢筋、带肋钢筋。一般交货状态为直条或盘条状。目前构件生产用钢筋主要为热轧光圆钢筋、热轧带肋钢筋。

光圆钢筋实际上就是普通低碳钢的小圆钢和盘圆。变形钢筋是表面带肋的钢筋，通常带有 2 道纵肋和沿长度方向均匀分布的横肋。横肋的外形为螺旋形、人字形、月牙形 3 种。用公称直径的毫米数表示。变形钢筋的公称直径相当于横截面相等的光圆钢筋的公称直径。钢筋的公称直径为 8～50mm，推荐采用的直径为 8mm、12mm、16mm、20mm、25mm、32mm、40mm。钢种：20MnSi、20MnV、25MnSi、BS20MnSi。钢筋广泛用于各种建筑结构，特别是大型、重型、轻型薄壁和高层建筑结构。

2. 钢筋在钢筋混凝土构件中的作用

钢筋自身具有良好的抗拉、抗压强度，同时与混凝土之间具有良好的握裹力。因此两者结合形成的钢筋混凝土，既充分发挥了混凝土的抗压强度，又充分发挥了钢筋的抗拉强度，钢筋在混凝土中主要承受拉应力。变形钢筋由于肋的作用，和混凝土有较大的粘结能力，因而能更好地承受外力的作用。

3. 性能试验

（1）热轧光圆钢筋

1）尺寸、外形、重量及允许偏差

① 公称直径及允许偏差

钢筋的公称直径范围为 6～22mm，推荐钢筋公称直径为 6mm、8mm、10mm、12mm、16mm、20mm（表2-18）。

允许偏差表　　　　　　　　　　　　　　　　　　　　　　　表 2-18

公称直径/mm	允许偏差/mm	不圆度/mm
6(6.5)	±0.3	≤0.4
8		
10		
12		
14	±0.4	
16		
18		
20		
22		

注：表2-18、表2-19、表2-20、表2-21、表2-22、表2-23引自《钢筋混凝土用钢》GB 1499.2—2008。第1部分：热轧光圆钢筋

② 长度允许偏差

钢筋可按直条或盘卷交货，其中直条钢筋定尺长度可在合同中注明。

按定尺长度交货的直条钢筋，其长度允许偏差范围为 0～+50mm。

③ 弯曲度和端部

直条钢筋的弯曲度应不影响正常使用，总弯曲度不大于钢筋总长度的 0.4%。钢筋端部应剪切正直，局部变形应不影响使用。

④ 重量及允许偏差

钢筋按实际重量交货，也可按理论重量交货。

直条钢筋实际重量与理论重量的允许偏差应符合表2-19。

允许偏差表　　　　　　　　　　　　　　　　　　　　　　　表 2-19

公称直径/mm	实际重量与理论重量的偏差/%
6～12	±7
14～22	±5

2）力学性能、工艺性能

① 钢筋的屈服强度 R_{el}、抗拉强度 R_m、断后伸长率 A、最大力总伸长率 A_{gt} 等力学性能特征值应符合表2-20。

钢筋力学性能指标 表 2-20

牌号	R_{el}/MPa	R_m/MPa	$A/\%$	$A_{gt}/\%$	冷弯试验 180° d—弯心直径 a—钢筋公称直径
	不小于				
HPB235	235	370	25.0	10.0	$d=a$
HPB300	300	420			

注：根据供需双方协议，伸长率类型可从 A 或 A_{gt} 中选定。如伸长率类型未经协议确定，则伸长率采用 A，仲裁检验时采用 A_{gt}。

② 弯曲性能：按表 2-20 规定的弯心直径弯曲 180°后，钢筋受弯曲部位表面不得产生裂纹。

③ 钢筋应无有害的表面缺陷，按盘卷交货的钢筋应将头尾有害缺陷部分切除。试样可使用钢丝刷清理，锈皮、表面不平整或氧化铁皮不作为拒收的理由。当带有上述缺陷以外的表面缺陷的试样不符合拉伸性能或弯曲性能要求时，则认为这些缺陷是有害的。

3）钢筋牌号及化学成分（熔炼分析）应符合表 2-21。

钢筋牌号及化学成分（熔炼分析） 表 2-21

牌号	化学成分(质量分数)/% 不大于				
	C	Si	Mn	P	S
HPB235	0.22	0.30	0.65	0.045	0.050
HPB300	0.25	0.55	1.50		

注：① 钢中残余元素铬、镍、铜含量应不大于 0.30%，供方如能保证可不做分析；②钢筋的成分化学成分允许偏差应符合 GB/T 222 的规定。

4）检验项目及方法

① 检验项目：每批钢筋的检验项目、取样方法和试验方法应符合表 2-22 规定。

钢筋检验项目及方法 表 2-22

序号	检验项目	取样数量	取样方法	试验方法
1	化学成分(熔炼分析)	1	GB/T 20066	GB/T 223 GB/T 4336
2	拉伸	2	任选两根钢筋切取	GB/T 228 GB 1499.1
3	弯曲	2	任选两根钢筋切取	GB/T 232 GB 1499.1
4	尺寸	逐支(盘)		GB 1499.1
5	表面	逐支(盘)		目视
6	重量偏差	本项④重量及允许偏差		GB 1499.1

注：对化学分析和拉伸试验结果有争议时，仲裁试验分别按 GB/T 223、GB/T 228 进行。

② 力学性能、工艺性能试验

a. 拉伸、弯曲试验试样不允许进行车削加工。

b. 计算钢筋强度用截面面积采用表 2-23 所列的公称截面面积。

钢筋公称截面面积 表 2-23

公称直径/mm	公称横截面面积/mm²	理论重量/(kg/m)
6(6.5)	28.27(33.18)	0.222(0.260)
8	50.27	0.395
10	78.54	0.617
12	113.1	0.888
14	153.9	1.21
16	201.1	1.58
18	254.5	2.00
20	314.2	2.47
22	380.1	2.98

注：表中理论重量按密度为 7.85g/cm³ 计算。公称直径 6.5mm 的产品为过渡性产品。

c. 最大力总伸长率 A_{gt} 的检验，除按表 2-20 规定采用 GB/T 228 的有关试验方法外，也采用 GB 1499.1 规定的方法。

③ 尺寸测量

钢筋直径的测量应精确到 0.1mm。

④ 重量偏差的测量

测量钢筋重量偏差时，试样应从不同根钢筋上截取，数量不少于 5 支，每支试样长度不小于 500mm。长度应逐支测量，应精确到 1mm。测量试样总重量时，应精确到不大于总重量的 1%。

5）组批规则

每批由同一牌号、同一炉罐号、同一尺寸的钢筋组成，每批重量通常不大于 60t，超过 60t 的部分，每增加 40t（或不足 40t 的余数），增加一个拉伸和一个弯曲试验试样。

（2）热轧带肋钢筋

1）尺寸、外形、重量及允许偏差

① 带肋钢筋尺寸允许偏差，符合表 2-24 规定。

② 长度及允许偏差

钢筋按定尺长度交货。

钢筋可以盘卷交货，每盘应是一条钢筋，允许每批有 5% 的盘数（不足两盘时可有两盘）由两条钢筋组成。

钢筋按尺交货时，长度允许偏差为 ±25mm；当要求最小长度时，其偏差为 +50mm；当要求最大长度时，其偏差为 −50mm。

直条钢筋的弯曲度应不影响正常使用，总弯曲度不大于钢筋总长度的 0.4%；钢筋端部应剪切正直，局部变形不影响使用。

带肋钢筋尺寸允许偏差 表 2-24

公称直径 d	内径 d₁		横肋高 h		纵肋高 h₁（不大于）	横肋款 b	纵肋宽 a	间距 l		横肋末端最大间隙（公称周长的10%弦长）
	公称直径	允许偏差	公称尺寸	允许偏差				公称尺寸	允许偏差	
6	5.8	±0.3	0.6	±0.3	0.8	0.4	1.0	4.0		1.8
8	7.7		0.8	+0.4 −0.3	1.1	0.5	1.5	5.5		2.5
10	9.6		1.0	±0.4	1.3	0.6	1.5	7.0	±0.5	3.1
12	11.5	±0.4	1.2		1.6	0.7	1.5	8.0		3.7
14	13.4		1.4	+0.4 −0.5	1.8	0.8	1.8	9.0		4.3
16	15.4		1.5		1.9	0.9	1.8	10.0		5.0
18	17.3		1.6	±0.5	2.0	1.0	2.0	10.0		5.6
20	19.3		1.7		2.1	1.2	2.0	10.0		6.2
22	21.3	±0.5	1.9		2.4	1.3	2.5	10.5	±0.8	6.8
25	24.2		2.1	±0.6	2.6	1.5	2.5	12.5		7.7
28	27.2		2.2		2.7	1.7	3.0	12.5		8.6
32	31.0	±0.6	2.4	+0.8 -0.7	3.0	1.9	3.0	14.0	±1.0	9.9
36	35.0		2.6	+1.0 -0.8	3.2	2.1	3.5	15.0		11.1
40	38.7	±0.7	2.9	±1.1	3.5	2.2	3.5	15.0		12.4
50	48.5	±0.8	3.2	±1.2	3.8	2.5	4.0	16.0		15.5

注：1. 纵肋斜角 θ 为 0°～30°。

    2. 尺寸 a、b 为参考数据。

    表 2-24、表 2-25、表 2-26、表 2-27、表 2-28、表 2-29、表 2-30 引自《钢筋混凝土用钢 第 2 部分：热轧带肋钢筋》GB 1499.2—2007。

③ 重量允许偏差应符合表 2-25 规定

重量允许偏差 表 2-25

公称直径/mm	实际重量与理论重量的偏差/%
6～12	±7
14～20	±5
22～50	±4

2）力学性能、工艺性能

① 钢筋的屈服强度 R_{el}、抗拉强度 R_m、断后伸长率 A、最大力总伸长率 A_{gt} 等力学性能特征值应符合表 2-26。

② 弯曲性能

按表 2-27 规定的弯芯直径弯曲 180° 后，钢筋弯曲部位表面不得产生裂缝。

③ 疲劳性能

如需方需求，经供需双方协议，可进行疲劳性能试验。

力学性能特征 表 2-26

牌号	R_{el}/MPa	R_m/MPa	A/%	A_{gt}/%
	不小于			
HPB335 HPBF335	335	455	17	7.5
HPB400 HPBF400	400	540	16	
HPB500 HPBF500	500	630	15	

注：直径 28~40mm 各牌号钢筋的断后伸长率 A 可降低 1%；直径大于 40mm 各牌号钢筋的断后伸长率 A 可降低 2%。

钢筋弯芯直径要求 表 2-27

牌号	公称直径 d(mm)	弯芯直径
HPB335 HPBF335	6~25	$3d$
	28~40	$4d$
	>40~50	$5d$
HPB400 HPBF400	6~25	$4d$
	28~40	$5d$
	>40~50	$6d$
HPB500 HPBF500	6~25	$6d$
	28~40	$7d$
	>40~50	$8d$

注：1. 根据需方要求，钢筋可进行反向弯曲性能试验。

　　2. 反向弯曲试验的弯曲直径比弯曲试验相应增加一个钢筋公称直径。

　　3. 反向弯曲试验应先向弯曲 90°后再反向弯曲 20°。两个弯曲角度均应在去载之前测量。经反向弯曲试验后，钢筋受弯曲部位表面不得产生裂纹。

④ 表面质量

钢筋应无有害的表面缺陷。试样可使用钢丝刷清理，锈皮、表面不平整或氧化铁皮不作为拒收的理由。当带有上述缺陷以外的表面缺陷的试样不符合拉伸性能或弯曲性能要求时，则认为这些缺陷是有害的。

3）钢筋牌号及化学成分（熔炼分析）应符合表 2-28。根据需要，钢中还可加入 V、Nb、Ti 等元素。

钢筋牌号及化学成分（熔炼分析） 表 2-28

牌号	化学成分(质量分数)/% 不大于					
	C	Si	Mn	P	S	C_{eq}
HPB335 HPBF335	0.25	0.80	1.60	0.045	0.045	0.52
HPB400 HPBF400						0.54
HPB500 HPBF500						0.55

4）检验项目及方法

① 检验项目

每批钢筋的检验项目，取样方法和试验方法应符合表 2-29 规定。

钢筋检验项目及方法　　　　　　　　表 2-29

序号	检验项目	取样数量	取样方法	试验方法
1	化学成分(熔炼分析)	1	GB/T 20066	GB/T 223 GB/T 4336
2	拉伸	2	任选两根钢筋切取	GB/T 228 GB 1499.2
3	弯曲	2	任选两根钢筋切取	GB/T 232 GB 1499.2
4	反向弯曲	1		YB/T 5124 GB 1499.2
5	疲劳试验	供需双方协议		
6	尺寸	逐支		GB 1499.1
7	表面	逐支		目视
8	重量偏差	GB 1499.2		
9	晶粒度	2	任选两根钢筋切取	GB/T 6394

注：对化学分析和拉伸试验结果有争议时，仲裁试验分别按 GB/T 223、GB/T 228 进行。

② 拉伸、弯曲、反向弯曲试验

a. 拉伸、弯曲、反向弯曲试验试样不允许进行车削加工。

b. 计算钢筋强度用截面面积采用表 2-30 所列公称横截面面积。

公称横截面面积　　　　　　　表 2-30

公称直径/mm	公称横截面面积/mm²	理论重量/(kg/m)
6	28.27	0.222
8	50.27	0.395
10	78.54	0.617
12	113.1	0.888
14	153.9	1.21
16	201.1	1.58
18	254.5	2.00
20	314.2	2.47
22	380.1	2.98
25	490.9	3.85
28	615.8	4.83
32	804.2	6.31
36	1018	7.99
40	1257	9.87
50	1964	15.42

注：表中理论重量按密度为 7.85g/cm³ 计算。

c. 最大力总伸长率的检验，按表 2-29 规定，采用 GB/T 228 的有关试验方法外，也可采用 GB 1499.2 的试验方法。

d. 反向弯曲试验时，经正常弯曲后的试样，应在 100℃ 温度下保温不少于 30min，经自然冷却后再反向弯曲。当供方能保证钢筋经人工时效后的反向弯曲性能时，正向弯曲后的试样亦可在室温下直接进行反向弯曲。

③ 尺寸测量

a. 带肋钢筋内径的测量应精确到 0.1mm。

b. 带肋钢筋纵肋、横肋高度的测量采用测量同一截面两侧横肋中心高度平均值的方法，即测量钢筋最大外径，减去该处内径，所得数值的一半为该处肋高，应精确到 0.1mm。

c. 带肋钢筋横肋间距采用测量平均肋距的方法进行测量。即测取钢筋一面上第 1 个与第 11 个横肋的中心距离，该数值除以 10 即为横肋间距，应精确到 0.1mm。

④ 重量偏差的测量

a. 测量钢筋重量偏差时，试样应从不同根钢筋上截取，数量不少于 5 支，每支试样长度不小于 500mm。长度应逐支测量，应精确到 1mm。测量试样总重量时，应精确到不大于总重量的 1%。

b. 检验结果的数值修约与判定

应符合 YB/T 081 的规定。

5）组批规则

每批由同一牌号、同一炉罐号、同一规格的钢筋组成，每批重量通常不大于 60t，超过 60t 的部分，每增加 40t（或不足 40t 的余数），增加一个拉伸和一个弯曲试验试样。

允许由同一牌号、同一冶炼方法、同一浇筑方法的不同炉罐号组成混合批，但各炉罐号含碳量之差不大于 0.02%，含锰量之差不大于 0.15%。混合批的重量不大于 60t。

第二节　其他材料试验

一、钢筋连接用灌浆套筒

1. 基本概念

通过水泥基灌浆料的传力作用将钢筋对接连接所用的金属套筒，通常采用铸造工艺或者机械加工工艺制造，包括全灌浆套筒和半灌浆套筒。全灌浆套筒两端均采用灌浆方式与钢筋连接，半灌浆套筒一端采用灌浆方式与钢筋连接，而另一端采用非灌浆方式与钢筋连接（通常采用螺纹连接）。

2. 要求

（1）一般规定

1）灌浆套筒生产应符合产品设计要求。

2）全灌浆套筒的中部、半灌浆套筒的排浆孔位置计入最大负公差后的屈服承载力和抗拉承载力的设计应符合 JGJ 107 的规定。

3）灌浆套筒长度应根据试验确定，且灌浆连接端长度不宜小于 8 倍钢筋直径，灌浆套筒中间轴向定点位两侧应预留钢筋安装调整长度，预制端不应小于10mm，现场装配端不应小于 20mm。

4）剪力槽的数量应符合表 2-31 的规定；剪力槽两侧凸台轴向厚度不应小于 2mm。

剪力槽数量表　　　　　　　　　　　　　　　　表 2-31

连接钢筋直径/mm	12～20	22～32	36～40
剪力槽数量/个	≥3	≥4	≥5

5）机械加工灌浆套筒的壁厚不应小于 3mm；铸造灌浆套筒的壁厚不应小于 4mm。

6）半灌浆套筒螺纹端与灌浆端连接处的通孔直径差不应小于 2mm，通孔长度不应小于 3mm。

（2）尺寸偏差

灌浆套筒的尺寸偏差应符合表 2-32 的规定。

灌浆套筒尺寸偏差表　　　　　　　　　　　　　　表 2-32

序号	项目	灌浆套筒尺寸偏差					
		铸造灌浆套筒			机械加工灌浆套筒		
1	钢筋直径/mm	12～20	22～32	36～40	12～20	22～32	36～40
2	外径允许偏差/mm	±0.8	±1.0	±1.5	±0.6	±0.8	±0.8
3	壁厚允许偏差/mm	±0.8	±1.0	±1.2	±0.5	±0.6	±0.8
4	长度允许偏差/mm	±(0.01×L)			±2.0		
5	锚固段环形凸起部分的内径允许偏差/mm	±1.5			±1.0		
6	锚固段环形凸起部分的内径最小尺寸与钢筋公称直径差值/mm	≥10			≥10		
7	直螺纹精度	—			GB/T 197 中 6H 级		

（3）外观

1）铸造灌浆套筒内外表面不应有影响使用性能的夹渣、冷隔、砂眼、缩孔、裂纹等质量缺陷。

2）机械加工灌浆套筒表面不应有裂纹或影响接头性能的其他缺陷，端面和外表面的边棱处应无尖棱、毛刺。

3）灌浆套筒外表面标示应清晰。

4）灌浆套筒表面不应有锈皮。

（4）力学性能

灌浆套筒应与灌浆料匹配使用，采用灌浆套筒连接钢筋接头的抗拉强度应符合 JGJ 107 中 I 级接头的规定。

3. 试验方法

（1）尺寸偏差

1）外径、壁厚、长度、凸起内径采用游标卡尺或专用量具检验，卡尺精度不应低于 0.02mm；灌浆套筒外径应在同一截面相互垂直的两个方向测量，取其平均值；壁厚的测量可在同一截面相互垂直两方向测量套筒内径，取其平均值，通过外径、内径尺寸计算出壁厚。

2）直螺纹中径使用螺纹塞尺检验，螺纹小径可用光规或游标卡尺测量。

3）灌浆连接段凹槽大孔用内卡规检验，卡规精度不应低于 0.02mm。

（2）外观

目测。

（3）力学性能

灌浆套筒的力学性能试验通过灌浆套筒和匹配灌浆料连接的钢筋接头试件进行，接头抗拉强度的试验方法应符合《钢筋机械连接技术规程》JGJ 107 规定。

4. 检验规则

同一项目宜采购同一厂家生产的同材料、同类型灌浆套筒、钢筋半灌浆套筒。使用前，同一厂家、同一牌号、同一规格的钢筋及同一炉（批）号、同规格的灌浆套筒，应制作 3 个灌浆套筒连接接头进行工艺检验，抗拉强度检验结果应符合《钢筋机械连接技术规程》JGJ 107 中的 I 级接头要求，合格后方可进行机械连接施工。

生产过程中，同一厂家、同一牌号、同一规格的钢筋及同一炉（批）号、同规格的灌浆套筒，每 500 个接头为一个验收批，每批随机抽取 3 个制作灌浆套筒连接接头试件进行抗拉强度检验，检验结果应符合 I 级接头要求，连续 10 个验收批抽样试件抗拉强度检验合格时，验收批接头数量可扩大为 1000 个；同时每 500 个接头留置 3 个灌浆端未进行连接的套筒灌浆连接接头试件，用于施工现场制作相同灌浆工艺的平行试件。

5. 钢筋套筒灌浆连接接头在同截面布置时，接头性能应达到钢筋机械连接接头的最高性能等级，国内建筑工程的接头应满足国家行业标准《钢筋机械连接技术规程》JGJ 107 中 I 级接头性能要求。

二、钢筋连接用套筒灌浆料

钢筋连接用套筒灌浆料是以水泥为基本材料，配以细骨料，以及混凝土外加剂和其他材料组成的干混料，加水搅拌后具有良好的流动性、早强、高强、微膨胀等性能，填充于套筒和带肋钢筋间隙内的干粉料。

套筒灌浆料的性能应符合表 2-33 规定。

套筒灌浆料的技术性能　　　　　　　　　　　　　　　表 2-33

检测项目		性能指标
流动度/mm	初始	≥300
	30min	≥260
抗压强度/MPa	1d	≥35
	3d	≥60
	28d	≥85
竖向膨胀率/%	3h	≥0.02
	24h 与 3h 差值	0.02～0.5
氯离子含量/%		≤0.03
泌水率/%		0

三、保温材料

夹心外墙板宜采用 EPS 板（绝热用模塑聚苯乙烯泡沫塑料）或 XPS 板（绝热用挤塑聚苯乙烯泡沫塑料）等作为保温材料，保温材料除应符合设计要求外，尚应符合现行国家和地方标准的要求。

EPS 板或 XPS 板的主要性能指标应符合表 2-34 的规定，其他性能指标应符合现行国家标准《绝热用模塑聚苯乙烯泡沫塑料》GB/T 10801.1 和《绝热用挤塑聚苯乙烯泡沫塑料（XPS）》GB/T 10801.2 的规定。

EPS 板或 XPS 板主要性能指标　　　　　　　　　表 2-34

项目	单位	性能指标		试验方法
		EPS 板	XPS 板	
表观密度	kg/m³	20～30	30～35	《泡沫塑料及橡胶　表观密度的测定》GB/T 6343
导热系数	W/(m×k)	≤0.041	≤0.03	《绝热材料稳态热阻及有关特性的测定　防护热板法》GB/T 10294
压缩强度	MPa	≥0.10	≥0.20	《硬质泡沫塑料压缩性能的测定》GB/T 8813
燃烧性能	—	不低于 B₂ 级		《建筑材料及制品燃烧性能分级》GB 8624—2012
尺寸稳定性	%	≤3	≤2.0	《硬质泡沫塑料　尺寸稳定性试验方法》GB/T 8811
吸水率(体积分数)	%	≤4	≤1.5	《硬质泡沫塑料吸水率的测定》GB/T 8810

同厂家、同品种每 5000m² 为一个检验批，每批复试 1 次，复试项目为导热系数、密度、压缩强度、吸水率、燃烧性能，复试结果应符合设计和规范要求。

四、外墙保温拉结件

外墙保温拉结件是用于连接预制保温墙体内、外叶墙板，传递墙板剪力，以使内外叶墙板形成整体的连接器。拉结件宜采用纤维增强复合材料或不锈钢薄钢板加工形成。夹心外墙板中，内外叶墙板的拉结件应符合下列规定：

1. 金属及非金属材料拉结件均应具有规定的承载力、变形和耐久性能，并应经过试验验证。

2. 拉结件应满足防腐和耐久性要求。

3. 拉结件应满足夹心外墙板的节能设计要求。

4. 拉结件的拉伸强度（MPa）、弯曲强度（MPa）、剪切强度（MPa）满足国家标准或行业标准规定方可使用。

同厂家、同品种、同规格夹心保温外墙板用拉结件，每 10000 个为一个验收批，每批抽 3 个检验进行锚入混凝土后的抗拔强度，检验结果应符合设计要求。

五、预埋件

预埋件的材料、品种、规格、型号应符合国家相关标准规定和设计要求。预埋件的防腐防锈应满足现行国家标准《工业建筑防腐蚀设计规范》GB 50046 和《涂覆涂料前钢材处理 表面清洁度的目视评定》GB/T 8923 的规定。

构件中的预埋件一般有：吊装吊点；施工安装加固点；构件连接预埋（剪力墙结构）；后浇混凝土模板加固点；外挂安全平台吊点（外墙板）；电气、网络等管线等。

六、外装饰材料

涂料和面砖等外装饰材料质量、拉拔试验等应满足现行相关标准和设计要求。当采用面砖饰面时，宜选用背面带燕尾槽的面砖，燕尾槽尺寸应符合工程设计和相关标准要求。饰面砖粘结强度检测结果应符合《建筑工程饰面砖粘结强度检验标准》JGJ 110。

其他外装饰材料应符合相关标准规定。

第三节　混凝土相关试验

一、基本概念

由胶凝材料将集料胶结成整体的工程复合材料的统称。通常讲的混凝土一词是指用水泥做胶凝材料，砂、石作集料、与水（可含外加剂和掺合料）按一定比例配合，经搅拌而得的水泥混凝土，也称普通混凝土。对混凝土而言，其性能试验分新拌混凝土和硬化后混凝土的相关试验（图 2-15）。

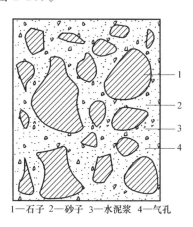

1—石子 2—砂子 3—水泥浆 4—气孔

图 2-15　混凝土截面图及组成

影响混凝土质量因素涉及原材料质量、产品设计、生产过程控制等各个环节，混凝土自拌合起，随环境和时间的变化，其拌合物的物理化学性能也在不断变化中。因此混凝土质量因素较为复杂并有一定的不确定性。

预拌混凝土分为常规品和特制品。

1. 常规品代号 A，混凝土强度等级代号 C。

2. 特制品的混凝土种类及其代号，如表 2-35 所示。

特制品的混凝土种类及其代号 表 2-35

混凝土种类	高强混凝土	自密实混凝土	纤维混凝土	轻骨料混凝土	重混凝土
混凝土种类代号	H	S	F	L	W
强度等级代号	C	C	C(合成纤维混凝土) CF(钢纤维混凝土)	LC	C

二、混凝土质量指标及影响因素

1. 和易性指标

（1）指标内容

和易性是一项综合的技术性质，它与施工工艺密切相关，通常包括黏聚性、保水性和流动性等三个方面。黏聚性的检查方法是用捣棒在已坍落的混凝土锥体侧面轻轻敲打，此时如果锥体逐渐下沉，则表示黏聚性良好；如果锥体倒塌、部分崩裂或出现离析现象，则表示黏聚性不好。保水性以混凝土拌合物稀浆析出的程度来评定，坍落度筒提起后如有较多的稀浆从底部析出，锥体部分的混凝土也因失浆而骨料外漏，则表明混凝土拌合物的保水性能不好；如坍落度筒提起后无稀浆或仅有少量稀浆自底部析出，则表示此混凝土保水性良好。

坦落度或扩展度是评价混凝土拌合物和易性的可量化的指标（表 2-36、表 2-37，图 2-16）。

混凝土拌合物坦落度等级划分 表 2-36

等级	坦落度/mm	允许偏差/mm
S1	10～40	±10
S2	50～90	±20
S3	100～150	±30
S4	160～210	±30
S5	≥220	±30

混凝土拌合物扩展度等级划分 表 2-37

等级	扩展直径/mm	允许偏差/mm
F1	≤340	—
F2	350～410	±30
F3	420～480	±30
F4	490～550	±30
F5	560～620	±30
F6	≥630	±30

图 2-16 坦落度、扩展度试验

（2）影响因素

混凝土和易性的影响因素除原材料质量以外，还有配合比、时间与环境等。

1）配合比

① 单位用水量：单位用水量是影响混凝土流动性的决定因素之一。一般情况下，用水量增大，流动性随之增大。但用水量过高会导致保水性和黏聚性变差。

② 水胶比和浆骨比：水胶比大小直接影响水泥浆的稠度，在水泥用量不变的

情况下，水胶比增大可使水泥浆和拌合物流动性增大。在水胶比一定的前提下，浆骨比越大，混凝土拌合物的流动性越好。

③砂率：砂率的变动会使骨料的空隙率和总表面积发生显著变化。在水泥用量和水胶比一定的条件下，砂率在一定范围内增大，有助于改善混凝土拌合物的流动性。砂率增大，黏聚性和保水性增加；但砂率过大，在水泥浆含量不变的情况下，混凝土拌合物的流动性会变差。

2）时间和环境

混凝土拌合物会随着胶凝材料的不断水化及骨料的吸水和水分的不断蒸发而变得干稠，流动性变差。

环境温度高、湿度小、风速大时，坍落度损失增大。

2. 抗压强度指标

（1）指标内容

混凝土的强度等级是指混凝土的抗压强度。抗压强度是指在外力的作用下，受压面单位面积上能够承受的压力，亦是指抵抗压力破坏的能力。

混凝土立方体抗压强度标准值系指按照标准方法制作养护的边长为 150mm 的立方体试件，在 28d 龄期用标准试验方法测得的具有 95％保证率的抗压强度，以 MPa 表示。根据标准尺寸立方体抗压强度，将混凝土划分为 C10、C15、C20、C25、C30、C35、C40、C45、C50、C55、C60、C65、C70、C75、C80、C85、C90、C95、C100 等。

当混凝土强度等级＜C60 时，试件尺寸为 100mm 立方体时，应乘以强度尺寸换算系数 0.95；当试件尺寸为 200mm 立方体时，应乘以强度尺寸换算系数 1.05（图 2-17～图 2-20）。

图 2-17　试块振实成型

图 2-18　试块标识

图 2-19　试块养护

图 2-20　试块抗压强度试验

（2）影响因素

影响混凝土抗压强度的主要因素有原材料性能、混凝土配合比、生产与成型条件、养护条件、龄期和试验条件。

1）水泥强度和水胶比

水泥强度和水胶比是影响混凝土抗压强度的主要因素，因为混凝土抗压强度主要取决于水泥凝胶与骨料间的粘结力。混凝土抗压强度与水胶比成反比。

2）外加剂

在混凝土中掺入减水剂，可在保证相同流动性的前提下，减少用水量，降低水胶比从而提高混凝土抗压强度。掺入早强剂，可在一定程度上提高混凝土早期强度，但 28d 后期强度有可能下降。掺入缓凝剂使混凝土早期强度发展缓慢，但混凝土后期强度会稳步增长。掺入引气剂通常会导致混凝土抗压强度降低。

3）矿物掺合料

不同矿物掺合料由于其矿物组成、水化活性和颗粒细度不同，对混凝土抗压强度发展的影响也不同。矿渣、粉煤灰对混凝土强度的影响与其掺量有很大关系，合理掺加矿渣、粉煤灰混凝土的早期强度明显低于不掺的混凝土，而后期强度会有所增加。

4）骨料

骨料的影响主要包括骨料最大粒径、表面特征、孔隙率、级配和强度等几个方面。

一般情况下，骨料的强度比水泥的强度和水泥与骨料间的粘结力要高，因此骨料强度对混凝土强度不会有大的影响。但是骨料中的针片状颗粒、含泥量、泥块含量、有机质含量、硫化物及硫酸盐含量等，则会对混凝土强度产生不良影响。另外，粗骨料的表面特征会影响混凝土的抗压强度，表面粗糙、多棱角的碎石与水泥石的粘结力比表面光滑的卵石要高。

5）混凝土硬化时间即龄期的影响

随着养护龄期的增长，混凝土强度随之提高。对于普通混凝土，最初的 7d 内强度增长较快，随后增幅变慢，增长幅度也与矿物掺合料的品种和掺量有关。

6）温度、湿度的影响

混凝土的强度发展在一定的温度、湿度条件下，在 0～40℃ 范围内，抗压强度随温度增高。水泥水化必须保持一定时间的潮湿，如果环境湿度不够，导致失水，会使混凝土结构疏松，产生干缩裂缝，严重影响强度和耐久性。

7）施工的影响

混凝土通过适当的振捣，排出混凝土内的水泡、气泡，使混凝土组成材料分布均匀密实，在模内充填良好，构件棱角完整、内实外光。如果混凝土在振捣过程中存在较多气泡或存在缺陷，混凝土强度下降，特别是抗渗混凝土容易造成渗水。

8）试验条件的影响

试件尺寸、形状、表面状态、加荷速率和含水状态等都会影响混凝土强度测试结果。时间尺寸小，测得的强度相对较高；棱（圆）柱体强度通常低于立方体试件；表面平整，则受力均匀，强度测试值较高；试压时，加荷速率越大，强度越高；试压时试件含水率较高时，强度较低。

3. 耐久性指标

（1）指标内容

混凝土耐久性指标主要是抗冻等级、抗渗等级、抗硫酸盐侵蚀等级、抗氯离子渗透性能等级、抗碳化性能等级等（表2-38～表2-42）。

混凝土抗冻性能、抗水渗透性能和抗硫酸盐侵蚀性能的等级划分　表2-38

抗冻等级（快冻法）		抗冻标号（慢冻法）	抗渗等级	抗硫酸盐等级
F50	F250	D50	P4	KS30
F100	F300	D100	P6	KS60
F150	F350	D150	P8	KS90
F200	F400	D200	P10	KS120
>F400		>D200	P12	KS150
			>P12	>KS150

混凝土抗氯离子渗透性能（84d）的等级划分（RCM法）　表2-39

等级	RCM-Ⅰ	RCM-Ⅱ	RCM-Ⅲ	RCM-Ⅳ	RCM-Ⅴ
氯离子迁移系数 D_{RCM}（RCM法）（$\times 10^{-12}m^2/s$）	≥4.5	≥3.5,<4.5	≥2.5,<3.5	≥1.5,<2.5	<1.5

混凝土抗氯离子渗透性能的等级划分（电通量法）　表2-40

等级	Q-Ⅰ	Q-Ⅱ	Q-Ⅲ	Q-Ⅳ	Q-Ⅴ
电通量 Q_S(C)	≥4000	≥2000,<4000	≥1000,<2000	≥500,<1000	<500

注：混凝土试验龄期宜为28d。当混凝土中水泥混合材与矿物掺合料之和超过胶凝材料用量的50%时，测试龄期可为56d。

混凝土抗碳化性能的等级划分　表2-41

等级	T-Ⅰ	T-Ⅱ	T-Ⅲ	T-Ⅳ	T-Ⅴ
碳化深度 d(mm)	≥30	≥20,<30	≥10,<20	≥0.1,<10	<0.1

注：表2-38～表2-41引自《预拌混凝土》GB/T 14902—2012。

混凝土耐久性指标与耐久性检测　表2-42

序号	耐久性指标	耐久性检测
1	抗渗性	渗水高度法：用于测定混凝土在恒定水压力下的平均渗水高度来表示的混凝土抗水渗透性能
		逐级加压法：用于通过逐级施加压力来测定以抗渗等级来表示的混凝土抗水渗透性能

序号	耐久性指标	耐久性检测
2	抗冻性	抗冻标号:用慢冻法测得的最大冻融循环次数来划分的混凝土抗冻性能等级
		抗冻等级:用快冻法测得的最大冻融循环次数来划分的混凝土抗冻性能等级
3	抗侵蚀性	电通量法:用通过混凝土的电通量来反映混凝土抗氯离子渗透性能
		快速氯离子迁移系数法:通过测定混凝土中氯离子渗透深度,计算得到氯离子迁移系数来反映混凝土抗氯离子渗透性能
		抗硫酸盐等级:用抗硫酸盐侵蚀试验方法测得的最大干湿循环次数来划分的混凝土抗硫酸盐侵蚀性能等级
4	抗碳化性	进行混凝土碳化试验,根据碳化时间与深度曲线评价混凝土抗碳化能力
5	碱-骨料反应	采用混凝土棱柱体法进行混凝土碱-骨料反应评价,混凝土生产控制时根据骨料的碱活性等级控制混凝土碱总量

注:表 2-42 引自《预拌混凝土质量控制实用指南》。

（2）影响因素

混凝土的微裂缝和孔隙是引起混凝土裂化的初因，孔结构和微裂缝形态不良会造成气体、水、化学反应中的溶解物、有害物质在混凝土孔隙和裂缝中的迁移，导致混凝土产生物理和化学方面的劣化和钢筋锈蚀的劣化，最终影响混凝土耐久性。除了力学损伤，混凝土劣化的过程其实都是侵蚀性物质在混凝土内部迁移的过程。

混凝土结构的耐久性主要影响因素除混凝土自身性能，如混凝土的原材料、配合比、拌合物和易性外，还包括钢筋质量、施工操作质量、温湿养护条件和使用环境等。

第四节　结 构 试 验

一、预制楼梯、叠合板结构性能检验（图 2-21、图 2-22）

图 2-21　预制叠合板结构性能检验

图 2-22　预制楼梯结构性能检验

1. 量测仪表

（1）混凝土预制构件结构性能检测用的量测仪表，应符合精度要求，并应定期进行校准。

（2）各种位移量测仪表的精度、误差等应符合下列规定：

1）百分表：最小分辨率 0.01mm，误差≤±1%F.S.。

2）位移传感器：最小分辨率 0.01mm，误差≤±1%F.S.。

3）倾角仪：最小分辨率不宜大于 5″，误差应≤±1%F.S.。

（3）各种应变量测仪表的最小分辨率不宜大于被测总应变的 1.0%，其误差≤±1%。

（4）观测裂缝宽度的仪表，其最小分度值不宜大于 0.05mm，误差≤0.1mm。

（5）各种力值量测仪表的精度、误差等应符合下列规定：

1）弹簧式拉、压力测力计的最小分度值应不大于±2%F.S.，示值应不大于±1.5%；

2）负荷传感器的精度不应低于 C 级，对于长期试验，精度不应低于 B 级，负荷传感器的指示仪表的最小分度值不宜大于被测力值总量的 1.0%，示值误差应不大于±1%F.S.。

2. 加载设备

（1）用试验机加载时，试验机精度不应低于 2 级。

（2）用其他加载设备对结构构件施加荷载时，加载量误差应不大于±3.0%，对于现场试验的误差应不大于±5.0%。

（3）采用各种重物产生的重力做试验荷载时，称量重物的衡器示值误差应不大于±1.0%，重物应满足下列规定：

1）对于吸水性重物，使用过程中应有防止这些重物含水量变化的措施，并应在试验结束后立即抽样复查加载量的准确性；

2）铁块、混凝土块等块状重物应逐块或逐级分堆称量，量大块重应满足加载分级的需要，并不宜大于 25kg；

3）红砖等小型块状材料，宜逐级分堆称量；对于块体大小均匀，含水量一致又经抽样核实块重确系均匀的小型块材，可按平均块重计算加载量；

4）散粒状材料应装袋或装入放在试验构件表面上的无底箱中，并逐级称量。

（4）采用静水压力作均布试验荷载时，水中不应含有泥砂等杂物，可采用水柱。

（5）采用气压作均布试验荷载时，充气胶囊不宜伸出试验结构构件的外边缘。确定加载量时，应考虑充气囊与结构表面接触的实际作用面积，按气囊中的气压值计算确定。

（6）采用千斤顶加载，宜安装力值量测仪表直接测定它的加载量，力值量测仪表的精度、误差应符合前述要求。

（7）当条件受到限制而需用油压表测定油压千斤顶的加载量时，油压表精度不应低于1.5级，并应对配套的千斤顶进行标定，绘出标定曲线，曲线的重复性误差应不大于±5%。

（8）采用卷扬机、倒链等机具加载时，应采用串联在绳索中的力值量测仪表直接测定加载量，当绳索需通过导向轮或滑轮组对结构加载时，力值量测仪表宜串联在靠近被检测结构一端的绳索中。

3. 支座及反力支撑装置

（1）构件检测时支座及反力支撑装置的设计和配置应满足下列要求：

1）被检测结构构件的跨度、支承方式、支撑等条件和受力状态应符合设计计算简图，且在整个检测过程中保持不变；

2）检测装置不应分担检测结构构件承受的检测荷载，且不应阻碍结构构件的变形自由发展；

3）检测装置应有足够刚度，最大检测荷载作用下应有足够承载力（包括疲劳强度）和稳定性。

（2）各种传递检测荷载的方法和装置应分别符合下列规定：

1）采用重物的重力作均布荷载时，重物在单向结构构件受荷面上应分堆堆放，沿检测结构构件的跨度方向的每堆长度不应大于被检测结构构件跨度的1/6；对于跨度不大于4m的结构构件，每堆长度不应大于构件跨度的1/4；堆间宜留50~150mm的间隙；对于双向受力板的试验，堆放重物在两个跨度方向上的每堆长度和间隙均应满足上述要求；当采用装有散粒材料的无底箱子加载时，沿试验结构构件跨度方向放置的箱数不应少于两个；

2）集中试验荷载作用点下的试验结构构件表面上，应设置足够厚度的钢垫板，钢垫板的面积应由混凝土局部受压承载力验算决定；对于柱等试验构件，必要时还可增设钢柱帽，防止柱端局部压坏；

3）对于梁、桁架等简支试验结构构件，当采用千斤顶等施加集中荷载时，加载设备不应影响试验结构构件跨度方向的自由变形；

4）采用分配梁传递试验荷载时，分配比例不宜大于4：1；分配梁应为单跨简支，其支座构造应和简支试验结构构件的支座构造相同；

5）当采用卧梁将集中力分散为沿混凝土墙板的端截面长度方向的均布线荷载时，卧梁应有足够刚度。对于混凝土强度等级为C20或C20以下的试验结构构件，工字形或箱形截面的钢制卧梁，截面高度不应小于$1.2a$；当在同一个卧梁上作用一个以上相同的集中力时，集中力间距宜取$3a$，且不宜大于2m；当需要几种不同的线荷载时，卧梁应分段设置（注：a为最外边一个集中力作用点距试件端部的距离）。

6）采用杠杆施加试验荷载时，杠杆的三支点应明确，并应在一直线上，杠杆的放大比不宜大于 5。

（3）当试验 V 形折板等开口薄壁构件时，应设置专门的卡具。

（4）在试验平面外稳定性较差的屋架、桁架、薄腹梁等结构时，应按结构的实际工作条件设置平面外支撑。平面外支撑应有足够的刚度和承载力，且应可靠地锚固，并不应阻碍试验结构构件在平面内的变形发展。

（5）试验结构构件支座下的支墩和地基应分别符合下列规定：

1）支墩和地基应有足够刚度，在试验荷载作用下的总压缩变形不宜超过试验结构构件挠度的 1/10；对于连续梁、四角支承和四边支承双向板等结构试验需要两个以上支墩时，各支墩的刚度应相同。

2）单向简支试验结构构件的两个铰支座的高差应符合结构构件支座设计高差的要求，其偏差不宜大于试验结构构件跨度的 1/200；双向板支墩在两个跨度方向的高差和偏差均应满足上述要求；连续梁各中间支墩应采用可调式支墩，并宜安装力值量测仪表，按支座反力的大小调节支墩高度。

4. 结构性能检测

（1）一般规定

1）预制构件应在明显部位标明生产单位、构件型号、生产日期和质量验收标志。构件上的预埋件、插筋和预留孔洞的规格、位置和数量应符合标准图或设计的要求。

2）预制构件应进行结构性能检验。结构性能检验不合格的预制构件不得用于混凝土结构。

3）预制构件应按标准或设计要求的试验参数及检验指标进行结构性能检验。检验内容：

① 钢筋混凝土构件和允许出现裂缝的预应力混凝土构件进行承载力、挠度和裂缝宽度检验；

② 要求不出现裂缝的预应力混凝土构件进行承载力、挠度和抗裂检验；

③ 预应力混凝土构件中的非预应力杆件按钢筋混凝土构件的要求进行检验；

④ 对设计成熟、生产数量较少的大型构件（如桁架等），当采取加强材料和制作质量检验的措施时，可仅做挠度抗裂或裂缝宽度检验；当采取上述措施并有可靠的实践经验时，亦可不做结构性能检验。

4）检验数量

①《混凝土结构工程施工质量验收规范》GB 50204 规定：对成批生产的构件，应按同一工艺正常生产的不超过 1000 件且不超过 3 个月的同类型产品为一批。当连续检验 10 批且每批的结构性能检验结果均符合本规范规定的要求时，对同一工艺生产的构件，可改为不超过 2000 件且不超过 3 个月的同类型产品为一批。在每

批中随机抽取一个构件作为试件进行检验。

② 京建法［2016］16 号文规定：预制楼梯结构性能检验、预制叠合板结构性能检验取样数量为同一项目生产的预制构件至少各随机抽取 1 个。叠合板的预制板模板支撑形式应与施工现场模板支撑形式一致。

③ 实际生产中的组批方案应按照工程的需求进行。预制楼梯结构性能检验、预制叠合板结构性能检验取样数量为同一项目生产的预制构件至少各随机抽取 1 个。叠合板的预制板模板支撑形式应与施工现场模板支撑形式一致。

(2) 检验指标及评定方法

1) 确定加载方案

试验前应认真查阅板的标准图（或设计图纸），当标准图中对试验板有明确试验要求时，按标准图要求执行。若标准图无要求，则按标准要求计算出检验指标，并作出合理的加载方案，以免出现错判和误判。

2) 合理加载的原则

① 应分级加荷；

② 应有足够的持荷时间；

③ 无漏检现象：抗裂、挠度、承载力检验的各种检验标志均应观察、评定、记录，不得遗漏；

④ 宜将各级临界检验荷载纳入加载等级中，并充分利用承载力的重复抽样再检机会。这样可使加载等级与检验项目结合，在试验过程中随时作出明确判断，并在不违反标准的情况下，给被检项目以最大通过检验的可能。

3) 构件的承载力应按下列规定进行检验：

① 当按混凝土结构设计规范的规定进行检验时，应符合公式（2-1）的要求：

$$\gamma_u^0 = \gamma_0 [\gamma_u] \tag{2-1}$$

式中：γ_u^0——构件的承载力检验系数实测值；

　　　γ_0——结构重要性系数；

　　　γ_u——构件的承载力检验系数允许值。

② 当设计要求按构件实配钢筋的承载力进行检验时，应符合式（2-2）的要求

$$\gamma_u^0 = \gamma_0 \eta (\gamma_u) \tag{2-2}$$

式中：η——构件的承载力检验修正系数，根据现行国家标准《混凝土结构设计规范》GB 50010，按实配钢筋的承载力计算确定。

承载力检验的荷载设计值是指承载能力极限状态下，根据构件设计控制截面上的内力设计值与构件检验的加载方式，经换算后确定的荷载值（包括自重）。

4) 构件结构性能的检验结果应按下列规定评定：

① 当试件结构性能的全部检验结果均符合要求时，该批构件的结构性能应评为合格。

构件的承载力检验系数允许值　　　　　　　　　　表 2-43

受力情况	达到承载能力极限状态的检验标志		
轴心受拉、偏心受拉、受弯、大偏心受压	受拉主筋处的最大裂缝宽度达到 1.5mm，或挠度达到跨度的 1/50	热轧钢筋	1.20
		钢丝、钢绞线、热处理钢筋	1.35
	受压区混凝土破坏	热轧钢筋	1.30
		钢丝、钢绞线、热处理钢筋	1.45
	受拉主筋拉断		1.50
受弯构件的剪切	腹部斜裂缝达到 1.5mm，或斜裂缝末端受压混凝土剪切破坏		1.40
	沿斜截面混凝土斜压破坏，受拉主筋在端部滑脱或其他锚固破坏		1.55
轴心受压、小偏心受压	混凝土受压破坏		1.50

注：热轧钢筋系指 HPB235 级、HPB335 级和 RRB400 级钢筋。

② 当第一个构件的检验结果未达到标准，但又符合第二次检验的要求时，可加试两个备用构件。第二次检验的指标，对抗裂、承载力检验系数的允许值应取规定允许值的 0.95 倍；对挠度检验系数的允许值应取规定允许值的 1.10 倍。

当第二次两个试件的全部检验结果均符合第二次检验的要求，或者第一个备用试件的全部检验结果均达到标准要求，则构件的结构性能评为合格。

（3）结构性能试验方法

1）试验准备

① 构件应在 0℃以上的温度中进行试验。

② 蒸汽养护后的构件应在冷却至常温后进行试验。

③ 构件在试验前应量测其实际尺寸，并仔细检查构件的表面，所有的缺陷和裂缝应在构件上标出。

④ 试验用的加荷设备及仪表应预先进行标定或校准。

2）支承方式

① 板、梁和桁架等一般简支构件，试验时应一端采用铰支承，另一端采用滚动支承。铰支承可采用角钢、半圆型钢或焊于钢板上的圆钢构成，滚动支承可采用圆钢。

② 四边简支或四角简支的双向板，其支承方式应保证支承处构件能自由转动，支承面可以相对水平移动。

③ 当试验的构件承受较大集中力或支座反力时，应对支承部分进行局部受压验算。

④ 构件与支承面应紧密接触；钢垫板与构件、钢垫板与支墩间，宜铺砂浆垫平。

⑤ 构件支承的中心线位置应符合设计图纸的规定。

3）荷载布置

① 构件的试验荷载布置应符合标准图或设计规定。

② 当试验荷载的布置不能完全与标准图或设计的要求相符时，应按荷载效应等效的原则换算，即使构件试验的内力图形与设计的内力图形相似，并使控制截面上的内力值相等，但应考虑荷载布置改变后对构件其他部位的不利影响。

4）加载方法

加载方法应根据标准图或设计的加载要求、构件类型及设备条件等进行选择。当按不同形式荷载组合进行试验（包括均布荷载、集中荷载、水平荷载、垂直荷载等）时，各种荷载应按比例增加。

① 荷重块加载

荷重块加载适用于均布加载试验。荷重块应按区格成垛堆放，垛与垛之间间隙不宜小于50mm。

② 千斤顶加载

千斤顶加载适用于集中加载试验。千斤顶加载时，可采用分配梁系统实现多点集中加载。千斤顶的加载值宜采用荷载传感器量测，也可采用油压表量测。

③ 梁或桁架可采用水平对顶加载方法，此时构件应垫平且不应妨碍构件在水平方向的位移。梁也可采用竖直对顶的加载方法。

④ 当屋架仅做挠度、抗裂或裂缝宽度检验时，可将两榀屋架并列，安放屋面板后进行加载试验。

5）荷载分级和持续时间

① 荷载分级

构件应分级加荷。当荷载小于正常使用短期荷载检验值时，每级荷载不宜大于该荷载值的20%；当荷载大于该荷载值时，每级荷载取该荷载值的10%；当荷载接近抗裂荷载检验值时，每级荷载不宜大于该荷载值的5%；当荷载接近承载力荷载检验值时，每级荷载不宜大于承载力检验荷载设计值的5%。

对仅做挠度、抗裂或裂缝宽度检验的构件应分级卸荷。

作用在构件上的试验设备重量及构件自重应作为第一次加载的一部分。

构件在试验前，宜进行预压，以检查试验装置的工作是否正常，同时应防止构件因预压而产生裂缝。

② 荷载的持续时间

每级加载完成后，宜持荷10～15min，在正常使用短期荷载检验值作用下，宜持荷30min。在每级持荷时间内，仔细观察裂缝出现和开展情况，以及钢筋有无滑移等；在持续时间结束时，观测并记录各项读数。

6）承载力测定

对构件进行承载力检验时，应加载至构件出现承载能力极限状态的检验标志。当在规定的荷载持续时间内出现上述承载能力极限状态的检验标志之一时，应取本级荷载值与前一级荷载值的平均值作为其承载力检验荷载实测值。当在规定的荷载持续时间结束后出现承载能力极限状态的检验标志之一时，应取本级荷载值作为其承载力检验荷载实测值。

当受压构件采用试验机或千斤顶加载时，承载力检验荷载实测值应取构件直至破坏的整个试验过程中所达到的最大荷载值。

7）挠度测定

构件挠度可用百分表、位移传感器、水平仪等进行观测，其量测精度应符合有关标准的规定。接近破坏阶段的挠度，可用水平仪或拉线、钢尺等测量。

试验时，应量测构件跨中位移和支座沉陷。对宽度较大的构件，应在每一量测截面的两边或两肋布置测点，并取其量测结果的平均值作为该处的位移。

8）当采用等效集中力加载模拟均布荷载进行试验时，挠度实测值应乘以修正系数 ψ。当采用三分点加载时 ψ 可取为 0.98；当采用其他形式集中力加载时，ψ 应经计算确定。

9）试验中裂缝的观测应符合下列规定：

① 观察裂缝出现可采用放大镜。若试验中未能及时观察到正截面裂缝的出现，可取荷载—挠度曲线上的转折点（曲线第一弯转段两端点切线的交点）的荷载值作为构件的开裂荷载实测值。

② 构件抗裂检验中，当在规定的荷载持续时间内出现裂缝时，应取本级荷载值与前一级荷载值的平均值作为其开裂荷载实测值；当在规定的荷载持续时间结束后出现裂缝时，应取本级荷载值作为其开裂荷载实测值。

③ 裂缝宽度可采用精度为 0.05mm 的刻度放大镜、读数显微镜等仪器进行观测。

④ 对正截面裂缝，应量测受拉主筋处的最大裂缝宽度，对斜截面裂缝，应量测腹部斜裂缝的最大裂缝宽度。当确定受弯构件受拉主筋处的裂缝宽度时，应在构件侧面量测。

10）试验时必须注意下列安全事项：

① 试验的加荷设备、支架、支墩等，应有足够的承载力安全储备。

② 对屋架等大型构件，必须根据设计要求设置侧向支承，以防止构件受力后产生侧向弯曲或倾倒。侧向支承应不妨碍构件在其平面内的位移。

③ 试验过程中应注意人身和仪表安全；为了防止构件破坏时试验设备及构件坍落，应采取安全措施（如在试验构件下面设置防护支承等）。

11）构件试验报告应符合下列要求：

① 试验报告应包括试验背景、试验方案、试验记录、检验结论等内容，不得漏项缺检。

② 试验报告中的原始数据和观察记录必须真实、准确，不得任意涂抹篡改。

二、预制混凝土夹心保温外墙板的传热系数性能检验

1. 传热系数概念

传热系数 K 值，是指在稳定传热条件下，围护结构两侧空气温差为 1 度（K,℃），1s 内通过 $1m^2$ 面积传递的热量，单位是瓦/（平方米·度）（$W/m^2 \cdot K$，此处 K 可用℃代替），是节能建筑的一项重要指标，影响构筑物的保温性能。

2. 检验批

根据京建法〔2014〕16 号文规定，夹心保温外墙板传热系数性能检验数量为同一项目、同一构造、同一材料、同一工艺制作 1 个夹心保温外墙板试件。

3. 夹心保温外墙板传热系数性能检验只有在专业的检测机构在试验室条件下做稳态传热性质的测试，需按照施工工艺制作 $1.45m \times 1.45m$（或根据检测机构要求尺寸制作）的试验用试件。

三、外墙饰面砖粘结强度检验

1. 饰面砖粘结强度检测结果应符合《建筑工程饰面砖粘结强度检验标准》JGJ 110 标准的规定。

复验应每 $1000m^2$ 同类带饰面砖的预制墙板为一个检验批，不足 $1000m^2$ 应按 $1000m^2$ 计，每批应取一组，每组应为 3 块板，每块板应制取 1 个试样对饰面砖粘结强度进行检验。

2. 采用水泥基胶粘剂贴外墙饰面砖时，可按胶粘剂说明书的规定时间或在粘贴外墙砖 14d 以后（含）进行饰面砖粘结强度检测。粘贴后 28d 以内达不到标准规定或有争议时，应以 28～60d 内约定时间检测的粘结强度为准。

3. 断缝应符合下列要求：

断缝应从饰面砖表面切割至混凝土墙体或砌体表面，深度应一致。对有加强处理措施的加气混凝土、轻质砌块、轻质墙板和外墙外保温系统上粘贴的外墙饰面砖，在加强处理措施或保温系统符合国家有关标准的要求，并有隐蔽工程验收合格证明的前提下，可切割至加强抹面层表面。

试样切割长度和宽度宜与标准块相同，其中有两道相邻切割线应沿饰面砖边缝切割。试样规格应为 $95mm \times 45mm$ 或 $40mm \times 40mm$。

4. 标准块粘贴应符合下列要求：

（1）在粘贴标准块前，应清除饰面砖表面污渍并保持干燥。当现场温度低于 5℃时，标准块宜预热后再进行粘贴。

（2）胶粘剂应按使用说明书规定的配比使用，应搅拌均匀、随用随配、涂布均匀，胶粘剂硬化前不得受水浸。

5. 当一组试样均符合下列两项指标要求时，其粘结强度应判定为合格；当

一组试样均不符下列两项指标要求时，其粘结强度应判定为不合格；当一组试样只符合下列两项指标的一项要求时，应在该组试样原取样区域内重新抽取两组试样检验，若检验结果仍有一项不符合下列要求时，则该组饰面砖粘结强度应判定为不合格：

（1）每组试样平均粘结强度不应小于0.6MPa；

（2）每组可有一个试样的粘结强度小于0.6MPa，但不应小于0.4MPa。

第三章　质量检查与验收

第一节　过程质量控制

一、模具检验

模具检验的依据主要是图纸和标准规范，标准规范执行包括《混凝土结构工程施工质量验收规范》GB 50204、《预制混凝土构件质量检验标准》DB 11/T968等规范。

模具的验收工具一般包括盒尺、方角尺、2m 检测尺、塞尺、小线、垫块等。模具尺寸检验，根据图纸要求对模具的长度、宽度、厚度及对角线进行测量检查，使用盒尺测量出模具的各个数值，并根据图纸的设计尺寸，计算出模具的偏差值，模具偏差值应符合标准规范要求。

使用 2m 检测尺配合塞尺对模具底板进行平整度测量，使用小线和垫块测量模具底板的扭翘偏差，将垫块放置在模具底板四角边缘处，将小线呈 X 形放置在垫块上，用尺测量两线相交处的差值，并将差值乘 2 即为模具扭翘的结果。如果存在相交两线紧贴在一起的情况，应将上下两线对调位置再进行检查。如果对调后的两线还是紧贴在一起，说明模具的扭翘值为 0。

将小线与两个垫块放置在侧模的立面两端，检查模具侧模的侧向弯曲情况。使用盒尺从端部开始向另一端每隔 60～80cm 左右测量小线与侧模之间的数值，其中检测的最大数值与垫块的厚度差值即为侧模的最大侧弯值。当模具的尺寸、扭翘、侧弯均满足图纸和规范的要求后，开始检查模具内预留线盒、线管、孔洞、埋件等配件的位置。线盒、孔洞、埋件、企口凹槽的定位应测量平面内两个方向的尺寸是否符合图纸及规范要求。当所有预留预埋部件位置符合图纸要求后，开始检查配件的尺寸，如预留孔洞、企口凹槽配件的尺寸是否符合图纸及规范要求。

模具在检验过程中，应填写模具检验记录，模具的验收为 100％ 进行检查验收。

模具验收的允许偏差如表 3-1。

模具检验过程应填写检验记录表，根据所检查模具的不同应填写不同的检验表，具体如表 3-2、表 3-3。

预制构件钢模质量验收标准

表 3-1

序号	项目		允许偏差 (mm)	检查频率		检验方法
				范围	点数	
1	长(高)	干接缝	±2	模具长(高)边	每边1点	用钢尺量测
		湿接缝	±5	模具长(高)边	每边1点	用钢尺量测
	宽	干接缝	±2	两端及中部	≥3点	用钢尺量测
		湿接缝	±5	两端及中部	≥3点	用钢尺量测
	厚		±1	平面及板侧立面	每处2点	用钢尺量测
2	表面平整度	清水面	2	反打板底模及模外露面	每面1点	2m靠尺或1m钢板尺量测
		一般面	2	室内及隐蔽表面	每面1点	2m靠尺或1m钢板尺量测
3	对角线差		3(5)	对角线差值	每平面1点	用钢尺量测
4	侧向弯曲		1(3)	两侧帮板表面	每处1点	拉线量测
5	翘曲		2	每个平面	1点	四角拉线量测
6	相邻表面垂直偏差		1	平面与侧模相邻直角部位	每相邻部位1点	方尺量测
7	门窗口	尺寸	±2	高、宽各3点	共6点	用钢尺量测
		位移	2	每门窗口	2点	用钢尺量测
		侧弯	1	门窗口周圈	每边1点	2m靠尺或拉线量测
		对角线	3	每门窗对角线	1点	用钢尺量测
8	预埋螺母中心位移		2	逐个量测	每处2点	用钢尺量测
9	预埋铁件定位孔位置		±3	逐件检查	每处2点	用钢尺量测
10	预留孔洞	位置	3	逐件检查	每处2点	用钢尺量测
		尺寸	0,+5	逐件检查	每处1点	用钢尺量测
11	主筋保护层		+3,−2	肋、板各3点	共6点	用钢尺量测
缺陷	外露棱角不顺直		0.5	所有拼条		不顺直处剔除重焊
	外露棱角处缝隙不严		1	侧帮与底模周圈组合后缝隙		缝隙过大的应修复合格
	焊缝开裂		不允许	全部焊点		补焊合格
	外露面麻面、锈蚀(主要部位)		不允许	全部外露面		修复合格

注：1. 本表用于模具的新制、改制和使用过程的检查验收。投入生产使用的模具应逐套记录检查验收情况。检查中发现的不合格点必须返修，合格后方可使用。

　　2. 括号内数值用于湿接缝允许偏差。

板类、墙板类构件模具质量检验记录

表 3-2

编号：构 -模具-

工程名称				构件型号						
生产班组				模具编号						
检查项目		质量检验标准的规定			生产单位检验记录						
主控项目	4.2.1	底模质量									
	4.2.2	模具的材料和配件质量									
	4.2.3	模具部件和预埋件的连接固定									
	4.2.4	模具的缝隙应不漏浆									
一般项目	4.3.1	模具内杂物清理、涂刷隔离剂									
	4.3.2 允许偏差 (mm)	长(高)	墙板	0,−2							
			其他板	±2							
		宽		0,−2							
		厚		±1							
		翼板厚		±1							
		肋宽		±2							
		檐高		±2							
		檐宽		±2							
		对角线差		Δ4							
		表面平度	清水面	Δ1							
			普通面	Δ2							
		侧向弯曲	板	$\Delta L/1000$ 且≤4							
			墙板	$\Delta L/1500$ 且≤2							
		扭翘		$L/1500$							
		拼板表面高低差		0.5							
		门窗口位置偏移		2							
	4.3.3 允许偏差 (mm)	中心线 位置偏移	预埋件、 预留孔	3							
			预埋螺栓、 螺母	2							
生产单位 检验结果	不合格品复查返修记录										
	总检查点数		合格点数				合格点率			%	
	检验结果：										

检验员： 年 月 日

梁柱类构件模具质量检验记录　　表 3-3

编号：构　-模具-

工程名称			构件型号		
生产班组			模具编号		
检查项目		质量检验标准的规定	生产单位检验记录		

主控项目	4.2.1	底模质量							
	4.2.2	模具的材料和配件质量							
	4.2.3	模具部件和预埋件的连接固定							
	4.2.4	模具的缝隙应不漏浆							
一般项目	4.3.1	模具内杂物清理、涂刷隔离剂							
	4.3.2 允许偏差 (mm)	长 梁	±2						
		薄腹梁、桁架、桩	±5						
		柱	0,−3						
		宽	+2,−3						
		高(厚)	+0,−2						
		翼板厚	±2						
		侧向弯曲 梁、柱	$\Delta L/1000$ 且≤5						
		薄腹梁、桁架、桩	$\Delta L/1500$ 且≤5						
		表面平整度 清水面	Δ1						
		普通面	Δ2						
		拼板表面高低差	0.5						
		梁设计起拱	±2						
		桩顶对角线差	3						
		端模平直	1						
		牛腿支撑面位置	±2						
	4.3.3 允许偏差 (mm) 中心定位孔偏移	预埋件	3						
		预留孔洞	3						
		预埋螺栓、螺母	2						

不合格品复查返修记录				
总检查点数		合格点数	合格点率	%
生产单位检验结果	检验结果：			

检验员：　　　　年　月　日

79

以上包含了水平构件和竖向构件两大类的检验记录表。在检验过程中严格执行以上标准，认真填写检验记录，保证检验记录的真实性。

二、钢筋半成品检验

首先需要对钢筋半成品外观质量进行检查，具体外观质量要求应符合表3-4～表3-6的要求。

钢筋半成品外观质量要求 表3-4

序号	工序名称	检验项目		质量要求
1	冷拉	钢筋表面裂纹、断面明显粗细不匀		不应有
2	冷拔	钢筋表面斑痕		不应有
3	调直	钢筋表面划伤、锤痕		不应有
4	切断	断口马蹄形		不应有
5	冷墩	墩头严重裂纹		不应有
6	热墩	夹具处钢筋烧伤		不应有
7	弯曲	弯曲部位裂纹		不应有
8	点焊	脱点、漏点	周边两行	不应有
9			中间部位	不应有相邻点
10		错点伤筋、起弧蚀损		不应有
11	对焊	接头处表面裂纹、卡具部位钢筋烧伤		HPB300、HRB335级钢筋有轻微烧伤 HRB400、HRB500级钢筋不应有
12	电弧焊	焊缝表面裂纹、较大凹陷、焊瘤、药皮不净		不应有

钢筋半成品检验包括钢筋切断下料检验以及钢筋弯曲成型检验。钢筋下料检验应按照钢筋规格编号，分别进行检验的频率应满足每一个工作班检验次数不少于1次，每次以同一工序同一类型的钢筋半成品或预埋件（涉及埋件的锚爪钢筋）为1批，每批随机抽件数量不少于3件。

钢筋半成品检验除上述要求外，钢筋成型还应符合以下要求：

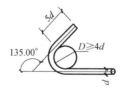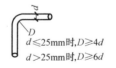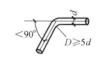

1) HPB300级钢筋端部180°弯钩　　2)带肋钢筋端部135°弯钩　　3)钢筋弯折角度为90°　　4)钢筋弯折角度小于90°

三、钢筋成品检验

钢筋半成品检查完毕后，检验合格的才能用于钢筋骨架成品的绑扎成型，具体钢筋成品的检验要求及内容如表3-7。

钢筋半成品质量检验记录（一） 表 3-5

编号：构（钢)-半成品（一)-

工程名称					钢筋半成品编号	
生产班组					代表批量	

工序	项目	质量检验标准要求			生产单位检验记录		
冷拉	外观质量	钢筋表面裂纹、断面明显粗细不匀		不应有			
	允许偏差(mm)	盘条冷拉率		±1%			
		热镦头预应力筋有效长度		＋5.0			
冷拔	外观质量	钢筋表面斑痕、裂纹、纵向拉痕		不应有			
	允许偏差(mm)	非预应力钢丝直径	≤ϕ^b4	±0.1			
			＞ϕ^b4	±0.15			
		钢丝截面椭圆度	≤ϕ^b4	0.1			
			＞ϕ^b4	0.15			
调直	外观质量	钢筋表面划伤、锤痕		不应有			
	允许偏差(mm)	局部弯曲	冷拉调直	4			
			调直机调直	2			
切断	外观质量	断口马蹄形		不应有			
	允许偏差(mm)	长度	非预应力钢筋	±5			
			预应力钢筋	±2			
冷镦	外观质量	镦头严重裂纹		不应有			
	允许偏差(mm)	镦头	直径	≥1.5d			
			厚度	≥0.7d			
			中心偏移	1			
		同组钢丝有效长度极差		2			
热镦	外观质量	夹具处钢筋烧伤		不应有			
	允许偏差(mm)	镦头	直径	≥1.5d			
			中心偏移	2			
		同组钢筋有效长度极差	长度≥4.5m	3			
			长度＜4.5m	2			
弯曲	外观质量	弯曲部位裂纹		不应有			
	允许偏差(mm)	箍筋	内径尺寸	±3			
		其他钢筋	长度	0，−5			
			弓铁高度	0，−3			
			起弯点位移	15			
			对焊焊口起弯点距离	＞10d			
			弯勾相对位移	8			
		折叠	成型尺寸	±10			

生产单位检验结果	不合格品复查返修记录			
	总检件数	不合格件数	一次合格率	％
	检验结果：			
	检验员： 　年　月　日			

<h1>钢筋半成品质量检验记录（二）</h1>

表 3-6

编号：构（钢）-半成品（二）-

工程名称					钢筋半成品编号		
生产班组					代表批量		
工序	项目	质量检验标准要求			生产单位检验记录		
点焊	外观质量	脱点、漏点	周边两行	不应有			
			中间部位				
	允许偏差（mm）	焊点压入深度应为较小钢筋直径的百分率	热轧钢筋点焊	18%～25%			
			冷拔低碳钢丝点焊	18%～25%			
对焊	外观质量	接头处表面裂纹、卡具部位钢筋烧伤	HPB300、HRB335 钢筋有轻微烧伤，HRB400、HRB500 钢筋不应有				
	允许偏差（mm）	两根钢筋的轴线	折角	<2°			
			偏移	≤0.1d 且≤1			
电弧焊	外观质量	焊缝表面裂纹、较大凹陷、焊瘤、药皮不净		不应有			
	允许偏差（mm）	帮条焊接接头中心线的纵向偏移		≤0.3d			
		两根钢筋的轴线	折角	≤2°			
			偏移	≤0.1d 且≤1			
		焊缝表面气孔和夹渣	2d 长度上	≤2 个且≤6mm²			
			直径	≤3			
		焊缝厚度		−0.05d			
		焊缝宽度		+0.1d			
		焊缝长度		−0.3d			
		横向咬边深度		≤0.05d 且≤0.5			
预埋件钢筋埋弧压力焊	允许偏差（mm）	钢筋咬边深度		≤0.5			
		钢筋相对钢板的直角偏差		≤2°			
		钢筋间距		±10			
钢板冲剪与汽割	允许偏差（mm）	规格尺寸	冲剪	0，−3			
			汽割	0，−5			
		串角		3			
		表面平整		2			
焊接预埋铁件	允许偏差（mm）	规格尺寸		0，−5			
		表面平整		2			
		锚爪	长度	±5			
			偏移	5			
生产单位检验结果	不合格品复查返修记录						
	总检件数		不合格件数		一次合格率		%
	检验结果： 检验员： 年 月 日						

钢筋成品质量检验记录

表 3-7

编号：构（钢）-成品-

工程名称					构件编号				
生产班组					代表批量				
检查项目		质量检验标准的规定				生产单位检验记录			
主控项目	5.2.1	预应力筋力学性能和重量偏差							
	5.2.2	冷加工钢筋的物理力学性能							
	5.2.3	预应力筋用锚具、夹具和连接器性能							
	5.2.4	预埋件用钢材及焊条的性能							
	5.2.5	钢筋焊接接头及钢筋制品的焊接性能							
	5.2.6	钢筋接头的位置、接头百分率、搭接长度、锚固长度							
一般项目	5.3.1	钢筋、预应力筋表面质量							
	5.3.2	锚具、夹具、连接器，金属螺旋管、灌浆套筒、结构预埋件等配件的外观质量							
	5.3.3	钢筋半成品外观质量							
	5.3.4 允许偏差 (mm)	受力钢筋顺长度方向全长的净尺寸		±5					
		弯起钢筋的折弯点位移		15					
		箍筋内净尺寸		±3					
	5.3.5	钢筋骨架绑扎质量							
	5.3.6	钢筋骨架焊接质量							
	5.3.7 允许偏差 (mm)	绑扎钢筋网片	长、宽	±5					
			网眼尺寸	±10					
		焊接钢筋网片	长、宽	±5					
			网眼尺寸	±10					
			对角线差	5					
			端头不齐	5					
		钢筋骨架	长	±10					
			宽	±5					
			厚	0，−5					
			主筋间距	±10					
			主筋排距	±5					
			箍筋间距	±10					
			起弯点位移	15					
			端头不齐	5					
		预埋件	钢板外形尺寸	0，−5					
			锚筋尺寸	±5					
生产单位检验结果		不合格品复查返修记录							
		总检件数		不合格件数		一次合格率		％	
		检验结果：							

检验员：　　　　　　　年　月　日

钢筋成品的检验应检查以下几个方面：

1. 绑扎成型的钢筋骨架周边两排钢筋不得缺扣，绑扎骨架其余部位缺扣、松扣的总数量不得超过绑扣总数的 20%，且不应有相邻两点缺扣或松扣。检查方法是观察和摇动检查。

2. 焊接成型的钢筋骨架应牢固、无变形。焊接骨架漏焊、开焊的总数量不得超过焊点总数的 4%，且不应有相邻两点漏焊或者开焊。

3. 检验数量：以同一班组同一类型成品为一检验批，在逐件目测检验的基础上，随机抽件 5%，且不少于 3 件。

四、隐蔽工程检验

当模具组装完毕，钢筋与埋件安装到位后，进行隐蔽验收，检查内容为：

1. 安装后的模具外形和几何尺寸。

2. 钢筋、钢筋骨架、钢筋网片、吊环的级别、规格、型号、数量及其位置。

3. 主筋保护层。

4. 预埋件、预留孔的位置及数量。

在加工单位内控验收合格后，填写隐蔽资料并提交监理进行隐蔽报验。经过监理检验确认后，方可进行下道工序。

5. 隐蔽检验记录如表 3-8。

五、混凝土浇筑检验

在隐蔽验收完成后，混凝土浇筑时，检查混凝土的质量情况，针对混凝土的和易性以及坍落度等方面进行检查，对于不合格的混凝土禁止浇入模具内使用。同时填写浇筑记录（表 3-9）。

每一个生产台班，连续浇筑不超过 100m³ 至少检查一次坍落度的情况。

六、蒸汽养护检验

构件浇筑完成后采取蒸养窑（流水线生产）、固定台座两种方式进行蒸汽养护。这两种方式温度控制方式不同。流水线生产的构件进入立体蒸养窑进行蒸汽养护，根据设定好的程序，电脑自动进行温度控制，严格遵照蒸汽养护制度进行控温，可随时调取蒸汽养护记录。而固定台座生产的构件，只能由人工进行管理作业，使用温度计进行温度测量，要求每小时进行温度测量一次。严格按照升温、恒温、降温的要求执行。整个过程应填写温度蒸汽养护记录。保证记录的真实和有效性，达到可追溯的作用。

蒸汽养护记录表如表 3-10。

隐蔽检验记录

表 3-8

隐蔽验收记录 表 C5-1		资料编号	
工程名称			
隐检项目	钢筋制作与安装	隐检日期	
隐检部位			

隐检依据:施工图图号_____,设计变更/洽商(编号_____)及有关国家标准等。

主要材料名称及规格/型号:

隐检内容:

申报人:

检查意见:

检查结论:　　　　□同意隐蔽　　　　□不同意,修改后进行复查

复查结论:

复查人:　　　　　　复查日期:

签字栏	施工单位		专业技术 负责人	专业质检员	专业工长
	监理(建设) 单位		专业工程师		

混凝土浇筑记录

表 3-9

混凝土浇筑记录 （表 B-6）				编　　号	
工程名称					
生产单位				混凝土设计 强度等级	
构件编号					
浇筑开始时间	年　月　日　时		浇筑完成时间	年　月　日　时	
天气情况		室外气温	℃	混凝土完成 数量	m³
混凝 土来 源	预拌 混凝 土	生产厂家		供料强度 等级	
		运输单编号			
	自拌混凝土开盘鉴定编号				
实测坍落度		mm	出盘温度	℃	入模温度	℃
试件留置种类、数量、 编号和养护情况					
混凝土浇筑前的 隐蔽工程检查情况					
混凝土浇筑的连续性					
生产负责人			填表人		

混凝土养护测温记录表　　　　表 3-10

混凝土养护测温记录表 表 C5-13									编　号			
工程名称												
型号			养护方法	蒸养		测温方式		温度计				
测温时间			大气温度(℃)	各测孔温度(℃)						平均温度(℃)	间隔时间(h)	
月	日	时		1	2	3	4	5	6			
生产单位												
技术员			质检员							测温员		

本表由施工单位填写并保存。

第二节　成品质量控制

一、成品检验

构件脱模后需要进行成品检验。首先检查构件成品的外观，检查是否有损伤、裂纹、色差、气泡、蜂窝等外观问题。其次按照图纸及规范规定，检查成品构件的尺寸、对角线、侧弯、扭翘等一系列内容。根据不同构件填写不同的检验表格，具体如表 3-11、表 3-12。

板类构件质量检验记录

表 3-11

编号：构 -构件-

工程名称				生产班组		
				生产日期		
检查项目		质量检验标准的规定		生产单位检验记录		
主控项目	7.2.1	预制构件脱模强度				
	7.2.2	预应力筋断裂或滑脱数量				
	7.2.3	预应力有效值与检验规定值偏差的百分率				
	7.2.4	预应力筋孔道灌浆密实和饱满性				
	7.2.5	预埋件、插筋、预留孔等预留预埋的规格、位置、数量				
	7.2.6	粗糙面或键槽成型质量				
	7.2.7	装饰面砖与构件基层的粘结强度				
	7.2.8	保温材料类别、厚度、位置				
	7.2.9	拉结件类别、数量及使用位置				
	7.2.10	预制构件的严重缺陷				
	7.2.11	预制构件结构性能				
一般项目	7.3.1	预制构件外观质量				
	7.3.2-1	允许偏差(mm)				
		长	$+10,-5$			
		宽	±5			
		高(厚)	$+5,-3$			
		板厚(翼板)	±5			
		肋宽	±5			
		对角线差	10			
		表面平整 模具面	3			
		手工面	4			
		侧向弯曲	$L/1000$ 且≤20			
		扭翘	$L/1000$			
		预埋部件(铁件) 中心位置偏移	10			
		平面高差	3			
		预留孔洞 规格尺寸	$+10,0$			
		中心线位置偏移	5			
		主筋外留长度	$+10,-5$			
		主筋保护层	$\Delta+5,-3$			
生产单位检验结果		不合格品复查返修记录				
		总检查点数		合格点数	合格点率	％
		检验结果：				
				检验员：	年 月 日	

墙板类构件质量检验记录

表 3-12

编号：构　　-构件-

工程名称				生产班组		
模具编号		生产日期		检验员		
检查项目		质量检验标准的规定		生产单位检验记录		
主控项目	7.2.1	预制构件脱模强度				
	7.2.2	预应力筋断裂或滑脱数量				
	7.2.3	预应力有效值与检验规定值偏差的百分率				
	7.2.4	预应力筋孔道灌浆密实和饱满性				
	7.2.5	预埋件、插筋、预留孔等预留预埋的规格、位置、数量				
	7.2.6	粗糙面或键槽成型质量				
	7.2.7	装饰面砖与构件基层的粘结强度				
	7.2.8	保温材料类别、厚度、位置				
	7.2.9	拉结件类别、数量及使用位置				
	7.2.10	预制构件的严重缺陷				
	7.2.11	预制构件结构性能				
一般项目	7.3.1	预制构件外观质量				
	7.3.2	允许偏差(mm)				
		高	±3			
		宽	±3			
		厚	±2			
		对角线差	△5			
		门窗口　尺寸	±4			
		门窗口　对角线差	△4			
		门窗口　位置偏移	△3			
		外墙外表面平整	△2			
		外墙内表面及内墙表面平整	△3			
		侧向弯曲	$L/1000$ 且≤5			
		扭翘	$L/1000$ 且≤5			
		门窗口内侧平整	2			
		装饰线条宽度	±2			
		预埋部件(铁件)　中心位置偏移	5			
		预埋部件(铁件)　平面高差	3			
		预留孔洞　规格尺寸	±5			
		预留孔洞　中心线位置偏移	5			
		预留孔洞　安装门窗预留孔深度	±5			
		主筋保护层	△+5, -3			
		结构安装用预留件(孔)　螺栓中心线位置偏移(留出长度)	+5,0			
		结构安装用预留件(孔)　内螺母、套筒、销孔等中心线偏移	△2			
生产单位检验结果		不合格品复查返修记录				
		总检查点数		合格点数		合格点率 %
		检验结果:				
						年　月　日

梁柱类构件质量检验记录

编号：构 -构件-

表 3-13

工程名称				生产班组		
构件编号			生产日期		检验员	
检查项目		质量检验标准的规定		生产单位检验记录		
主控项目	7.2.1	预制构件脱模强度				
	7.2.2	预应力筋断裂或滑脱数量				
	7.2.3	预应力有效值与检验规定值偏差的百分率				
	7.2.4	预应力筋孔道灌浆密实和饱满性				
	7.2.5	预埋件、插筋、预留孔等预留预埋的规格、位置、数量				
	7.2.6	粗糙面或键槽成型质量				
	7.2.7	装饰面砖与构件基层的粘结强度				
	7.2.8	保温材料类别、厚度、位置				
	7.2.9	拉结件类别、数量及使用位置				
	7.2.10	预制构件的严重缺陷				
	7.2.11	预制构件结构性能				
一般项目	7.3.1	预制构件外观质量				
	7.3.2	允许偏差(mm)				
		梁长	$+10,-5$			
		柱长	$+5,-10$			
		截面宽度	±3			
		截面高度	±3			
		翼板厚	±5			
		表面平整 模具面	3			
		手工面	5			
		侧向弯曲(梁、柱、桩)	$L/1000$ 且 $\leqslant15$			
		梁起拱	±5			
		梁下垂	0			
		预应力构件锚固端支撑面平整	3			
		桩顶偏斜	2			
		桩尖轴心线位置偏移	5			
		预埋部件 铁件 中心线位置偏移	5			
		平面高差	5			
		螺栓 中心线位置偏移	$\Delta3$			
		留出长度	$\Delta+10,0$			
		插筋 中心线位置偏移	10			
		木砖 插筋留出长度	±20			
		吊环 相对位置偏移	30			
		留出高度	±10			
		预留孔洞中心线位置偏移 一般孔洞	10			
		安装孔	$\Delta3$			
		预应力筋孔道	$\Delta3$			
		预应力筋自锚混凝土孔洞	3			
		主筋保护层(梁、柱、桩)	$\Delta\pm5$			
		主筋外留长度	±10			
生产单位检验结果		不合格品复查返修记录				
		总检查点数		合格点数	合格点率	%
		检验结果：				
					年 月 日	

以上为构件成品的检验记录，检查数量：同一工作班生产的同类型构件，抽

查5％且不少于3件。其中三角标识为重点控制项，不允许超差项。

二、构件其他环节的验收

1. 首件验收

各个类型构件生产出的第一件构件，应当做首件验收工作。首件验收可分为厂内首件验收与厂外首件验收。厂内构件验收即构件厂内部对生产的第一件构件进行验收，从技术质量角度有一个判定，如存在问题，应及时总结，后续生产当中避免问题再次发生。如果检查判定合格，还应当通知建设单位，由建设单位组织相关总包、监理、设计单位，对首件进行验收，当五方均认定合格后，构件方可批量生产。

厂外首件验收，应在五方检验合格后，填写验收记录表，允许构件进行批量生产。

首件验收是一个重要的程序，它是构件在整个生产过程中的工艺、产品质量的最终体现。

2. 驻厂监理监督检查与验收

工程开始前，应根据地方法律法规的要求，编制预制构件生产方案，明确技术质量保证措施，并经企业技术负责人审批后实施。最终提交监理单位进行审核同意。

进厂的原材应有30％经监理见证检查进行复试，复试合格后的原材方可用于构件生产。

生产过程中，监理对全过程进行监督检查，对于隐蔽环节，由监理签字确认后，方可进行混凝土浇筑。

成品构件验收合格后，应对检查合格的预制混凝土构件进行标识，标识内容包括工程名称、构件型号、生产日期、生产单位、合格标识、监理签章等，标识不全的构件不得出厂。其中监理签章由驻厂监理确认后，在构件表面加盖签章标识。图 3-1 为驻厂监理验收确认后，加盖监理章标识的构件。

图 3-1　加盖监理章标识构件

3. 构件出厂检验

构件出厂前应检查构件外观是否有损坏，构件标识是否清晰，监理是否进行签章确认。

构件出厂时应检查运输车辆上的构件与构件的运输票据是否一致，运输票据应包括构件的型号、数量、生产日期、所运构件的使用工程及部位、运输车辆的车牌号以及运输构件的外观是否存在损坏等。

构件出厂时还应检查相应构件合格证及强度报告单。一般合格证分为临时合格证和正式合格证，当构件强度 28d 评定标准未到时，不能提供标养强度的时候，先行使用临时合格证，当构件达到 28d 时，再行交付正式合格证。开具临时合格证时，应保证构件强度达到 100% 设计强度值。

预制混凝土构件出厂合格证 表 3-14

预制混凝土构件出厂合格证			资料编号		
工程名称及使用部位			合格证编号		
构件名称		型号规格		供应数量	
制造厂家			企业等级证		
标准图号或设计图纸号			混凝土设计强度等级		
混凝土浇筑日期	至			构件出厂日期	
性能检验评定结果	混凝土抗压强度			主筋	
	达到设计强度(%)	试验编号		力学性能	工艺性能
	外观			面层装饰材料	
	质量状况	规格尺寸		试验编号	试验结论
	保温材料			保温连接件	
	试验编号	试验结论		试验编号	试验结论
	钢筋连接套筒			结构性能	
	试验编号	试验结论		试验编号	试验结论
备注			结论：		
供应单位技术负责人		填表人		供应单位名称（盖章）	
填表日期：					

第四章　生产工艺设备操作

一、自动化生产线工艺

1. 自动化生产线简介

自动化生产线是指在工业生产中，依靠各种机械设备，并充分利用能源和通信方式完成工业化生产，提高生产效率，减少生产人员数量，使工厂实现有序管理。

预制构件自动化生产线是指按生产工艺流程分为若干工位的环形流水线，工艺设备和工人都固定在有关工位上，而制品和模具则按流水线节奏移动，使预制构件依靠专业自动化设备实现有序生产。在大批量生产中采用自动化生产线能提高劳动生产率，稳定和提高产品质量，改善劳动条件，缩减生产占地面积，降低生产成本，缩短生产周期，保证生产均衡性，有显著的经济效益。

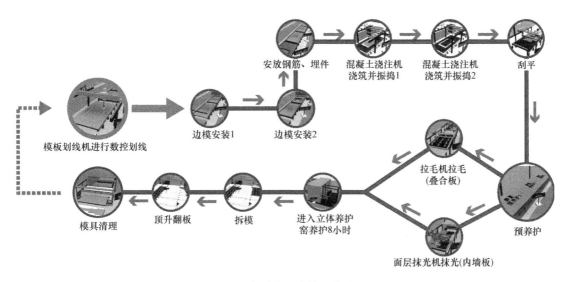

图 4-1　自动化生产线工艺流程

自动化生产线工艺流程如图 4-1 所示。该生产线采用高精度、高结构强度的成型模具，经自动布料系统把混凝土浇筑其中，在振动工位振捣后送入立体养护窑进行蒸汽养护。构件强度达到拆模强度时，从养护窑取出模台，进至脱模工位进行脱模处理。脱模后的构件经运输平台运至堆放场继续进行自然养护。空模台沿线自动返回，为下一道生产工序作准备。在模台返回输送线上设置了自动清理机、自动喷油机（隔离剂）、划线机、模具边模安装、放置钢筋骨架或桁架筋安装、检测等工位，如图4-2所示，实现自动化控制、循环流水作业。

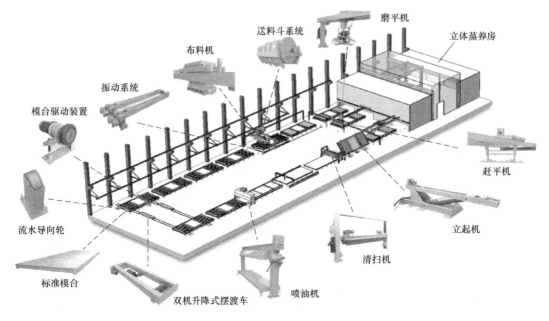

图 4-2　自动化生产线工艺设备

2. 自动化生产线设备操作

（1）模板清理机

模板清理机采用机械刮清、机械毛刷扫清、负压吸清三种方式组合清洁模板，并设置清洁物收集装置便于清洁物收集处理。模板清理机同样为数控设置，操作工人启动相应操作按钮即可实现模板清理。模板清理机如图4-3所示。

图 4-3　模板清理机

清理机的操作手动功能和自动功能：

1）手动功能：将"自动/手动"旋钮打到手动。

① 按下"清理启动"按钮，清理运转；按下"清理停止"按钮，清理运转停止。

② 按下"上升"按钮，刮板上升；按下"下降"按钮，刮板下降。

2）自动功能：将自动/手动旋钮打到自动

当清理机下面有模具并且在行走中时，清理机清理运转并且刮板下降；当清理机下面没有模具或者有模具但没有行走时，清理机停止运转刮板上升。

（2）数控划线机

数控划线机用于在底模上快速而准确画出边模、预埋件等位置，提高放置边模、预埋件准确性和速度，适用于各种规格的通用模型叠合板、墙板底模的画线。划线机具备数字化控制装置，为两坐标控制自动画线，能够实现数控编程，根据侧模及预埋件等尺寸位置输入数据，辅以人工操作即可完成（图4-4）。

图 4-4 数控划线机操作

数控划线机操作如下：

1）开启总电源（配电柜供电电压 220V）后，打开操作面板钥匙开关按钮，启动系统。

2）系统初始化完成后进入主菜单，各参数选项与按键 F1～F8 相对应。

3）选择自动【F2】，可自动加工程序控制，选择手动【F3】可手动调整喷枪位置。

4）选择参数【F5】进入参数界面，显示系统、速度等参数选项，严禁操作工对系统参数进行擅自修改；速度参数的变更根据画线速度要求进行实际修改。

5）选择诊断【F6】，可对设备输入、输出信息进行检测。

6）选择图库【F7】进入系统标准图库，生产过程中可根据需求调入标准图形进行使用与修改。

7）利用图库中的图形进行参数修改使之满足生产画线技术要求，修改参数后按"G"刷新图形后，即可生成新编辑图形。

8）文件可使用 USB 数据接口进行导入，格式要求".dxf"。

9）选择系统内部存储器，调入所加工程序，选择外部存储器按方向键查找文件，按【F8】、【回车】确认调入当前加工程序，进入自动待加工状态，按【F1】取消调入操作。

10）当完成程序调入，按"启动"可对图形进行绘画直至画线完毕。

11）设备停止使用时，将喷笔装置置于安全位置，旋转钥匙开关关闭系统后切断总电源。

（3）自动喷油机（隔离剂）

自动喷油机主要用于隔离剂的喷涂，如图 4-5，采用数控控制，能够保证模板表面全部位置均匀喷涂隔离剂，喷涂隔离剂厚度可数控调整。

自动喷油机的操作手动功能和自动功能：

1）手动功能：将"自动/手动"旋钮打到手动

图 4-5　自动喷油机（隔离剂）

① 首先操作前确认油泵已启动。

② 按下"摆动启动"按钮，摆动启动；按下"摆动停止"按钮，摆动停止。

③ 按下"喷涂启动"按钮，开始喷涂；按下"喷涂停止"按钮，停止喷涂。

2）自动功能：将自动/手动旋钮打到自动

当喷涂机下面有模具并且在行走中时，喷涂机喷嘴摆动并喷涂隔离剂。当喷涂机下面没有模具或者有模具但没有行走时，喷涂机停止摆动和喷涂。

（4）混凝土浇筑布料机

用于预制构件混凝土浇筑，通过程序控制，能够按图纸位置、设计厚度需求均匀布料，具有料斗混凝土称重计量功能，并设置清理工位和清洁水口等设施（图 4-6）。

图 4-6　混凝土浇筑布料机

布料机操作如下：

1）布料机的操作手动功能和料门自动功能

① 首先操作前确认油泵已启动（冷冻天气启动需对油泵进行适当预运行加热）。

② 将"料斗"旋钮旋到上升，料斗上升，旋钮旋到下降，料斗下降。

③ 将"匀料"旋钮旋到启动，匀料螺旋启动，旋钮旋到停止，匀料螺旋停止。

④ 将"下料"旋钮旋到启动，下料螺旋启动，旋钮旋到停止，下料螺旋停止。

⑤ 按下"仓壁振动"按钮，仓壁振动电机振动，松开按钮，仓壁振动电机振动停止。

⑥ 顺时针旋转"大车调速"旋钮，布料机大车行走速度从低速变为高速，逆时针旋转"大车调速"旋钮，布料机大车行走速度从高速变为低速。

⑦ 将"X 向"旋钮旋到前，布料机按 X 方向前进；旋钮旋到停，布料机停止（如果设定了"X 向定长距离前进"则布料机在前进到定长距离时自动停止），旋钮旋到后，布料机按 X 方向后退，旋钮旋到停，布料机停止（如果设定了"X 向定长距离后退"则布料机在后退到定长距离时自动停止）。

⑧ 将"Y 向"旋钮旋到前，布料机按 Y 方向前进；旋钮旋到停，布料机停止（如果设定了"Y 向定长距离前进"则布料机在前进到定长距离时自动停止）。旋钮旋到后，布料机按 Y 方向后退，布料机停止（如果设定了"Y 向定长距离后退"则布料机在后退到定长距离时自动停止）。

2）手动功能：将"自动/手动"旋钮打到手动

① 将"全部门"旋钮旋到开，全部门打开；旋钮旋到关，全部门关闭。

② 将"1 门"旋钮旋到开，1 号门打开；旋钮旋到关，1 号门关闭。

③ 将"2 门"旋钮旋到开，2 号门打开；旋钮旋到关，2 号门关闭。

④ 3 至 9 相同。

⑤ 将"10 门"旋钮旋到开，10 号门打开；旋钮旋到关，10 号门关闭。

3）自动功能：将自动/手动旋钮打到自动

布料机的自动功能是指布料机在手动启动布料机 X 向前进和后退的过程中，10 个料门按照提前设定的数据进行打开和关闭的功能。

在自动功能下：布料机 Y 向前进和后退的过程中，遇到 $Y1$ 点或 $Y2$ 点会自动停止，如需继续前进或后退，则要再次启动。

4）触摸屏数据的设定及使用

① 数据设定

"$X1$ 值、$Y1$ 值"为 PC 板边模针对模板的相对坐标零点，"2 段值"和"3 段值"分别是第一个框的两个边相对于 $X1$ 的长度值；"4 段值"和"5 段值"分别是第二个框的两个边相对于 $X1$ 的长度值；"6 段值"是整个 PC 板的底边相对于 $X1$ 的长度值。

布料机在 $Y1$ 位置沿 X 向前进或后退布料叫一次布料，料门为 1 至 10 号料门，一次布料时，1 号沿着 PC 板的下边模布料；布料机在 $Y2$ 位置沿 X 向前进或后退布料叫二次布料，1 至 10 号料门命名为 11 至 20 号料门，二次布料时，20 号沿着 PC 板的上边模布料。

② 料门动作的设定

第一组料门选择后（颜色变为粉色），其作用是在 1 段时打开，在 6 段时关闭。第二组料门选择后（颜色变为红色），其作用是在 2 段时关闭，在 3 段时打开。第三组料门选择后（颜色变为红色），其作用是在 4 段时关闭，在 5 段时打开。"偏离"是指料门延迟打开和提前关闭的偏离长度数据。"输入 PLC"是指将目前画面的数据输入 PLC 中，以进行料门自动控制。

③ 数据库的操作

保存数据：在首页画面设定数据后，在数据库画面输入图号后，按"保存数据"，在首页画面设定数据即保存至数据库中。

调出数据：先按"查询数据"显示所有数据，选择需要选的数据后，将其图纸序号输入"调出数据"前框中，按"调出数据"，选中的数据即调出至首页画面中。

编辑 Excel：首先"登陆"，之后进入 Excel 进行编辑。

（5）工位振动系统

工位振动系统采用液压锁紧装置，振动采用振动电机，振动过程为水平面两方向自由度，垂直向一个方向自由度振动，振动可自动控制（图4-7）。

图 4-7　工位振动系统

图 4-8　抹光机

（6）抹光机

抹光机为自动控制，并且高低可调，并在垂直和平行于生产线运行方向进行模板表面刮平作业，使构件表面达到抹平要求（图5-8）。

（7）拉毛机

拉毛机主要用于叠合板粗糙面处理，拉毛机为自动控制，采用毛刷滚刷式拉毛工艺，在垂直方向高度可控制和自动调整，拉毛方向平行或垂直于生产线流水方向。经过预养护的构件，进行拉毛工序（图4-9）。

拉毛机操作如下：

1）运行前检查和确认电源合闸。

2）确认端子间或各暴露的带电部位没有短路或对地短路情况。

图 4-9　拉毛机

3）投入电源前使所有开关都处于断开状态，保证投入电源时，设备不会启动和不发生异常动作。

4）运行前请确认机械设备正常且不会造成人身伤害，操作人员应提出警示，防止人身和设备伤害。

5）工作流程：接通电源，通过电动葫芦将拉毛架降到工作高度进行拉毛作业，待完成工作后将拉毛架抬起到安全高度，完成一次工作循环。

6）通电和断电操作：首先确认急停按钮处于旋起状态，然后旋转"通电 断电"旋钮至通电位置，"电源指示"灯亮后将旋钮复位到中位，通电动作完成；旋转"通电 断电"旋钮至断电位置，"电源指示"灯灭，断电动作完成。拍下"急停"按钮的动作等同于断电，需要重新通电时按通电过程操作。

7）本地和遥控的切换：控制柜上有旋钮"本地 遥控"用来选择本地操作还是遥控操作。选择本地时只能通过控制柜上的操作按钮操作，选择遥控时只能通过无线遥控器上的按钮进行操作。

8）手动和自动的切换：控制柜上有旋钮"手动 自动"用来选择手动操作还是自动操作。选择手动时由操作员控制设备的动作，选择自动时按下启动自动完成一个工作循环。

9）拉毛架的升降：通过"升降"按钮控制拉毛架的上升和下降。

（8）立体养护窑

立体养护窑为预制构件提供养护条件。养护窑根据空间大小及产量需求，可设置若干层、若干列，采用双排设计，码垛车位于两排养护窑中间，可实现养护温度自动控制，通过参数设置，设定升温、恒温、降温时间、温度及升降温速度。养护窑下设置完全通道，用于生产线模板车穿行和设备维修（图 4-10）。

立体养护窑操作规程如下：

1）接到送气通知单后不许直接送气，应先关闭送气阀门，然后慢慢打开主蒸汽阀，气送到分汽缸后认真检查分汽缸的压力表和阀门，当压力达到 0.3MPa 时

图 4-10 码垛车及立体养护窑

试放安全阀一次。

2）通气前先要确保蒸养池内无工作人员且无任何杂物，各仪表阀门确为正常时才能送气。

3）操作时应坚守岗位，认真观察仪表压力读数、安全阀等，如果有可能发生严重危险情况，应立即关闭主蒸汽阀，停止作业，采取有效措施后立即向有关领导汇报，确认故障排出后才能使用。

4）下列情况之一时停止送气：

① 安全阀失灵，在规定排放气的范围内不启动。

② 出现压力表回不到 0 点、表面模糊不清等不正常现象。

③ 在连通的管道内，压力表读数误差 0.06MPa 以上。

④ 蒸汽阀或管道严重损坏，漏气危及人身安全。

⑤ 受压附件发生变形，可能发生爆炸。

5）按规定穿戴防护用品，安全阀每周必须在规定压力范围内自动排放一次。

6）送气终止首先关闭总阀，确认总阀已停止送气后，先关闭主蒸汽阀后关分蒸汽阀，过两分钟再打开主蒸汽阀，看总阀是否确实已经断送气阀。等分汽缸压力表读数在少于 0.1MPa 时切断电源。

（9）翻转机

翻转机主要用于板类构件竖起作业（图 4-11）。

翻转机操作规程如下：

1）首先操作前确认油泵已启动；

2）按下"卡爪紧"按钮，卡爪收紧；按下"卡爪松"按钮，卡爪松开；

3）按下"升"按钮，翻转台开始升起；按下"降"按钮，翻转台开始下降；按下"停"，升或降的动作停止；

4）设备停机后，将翻转机归零后，按下"液压停止"按钮，关闭总电源。

图 4-11　翻转机

（10）摆渡车

摆渡车主要将空模具从模具准备输送辊道运送至布料输送辊道上（图 4-12）。

图 4-12　摆渡车

摆渡车操作规程如下：

1）开启电源总开关，接通电源。

2）按下系统启动钮，系统启动指示灯亮。

3）按下油泵启动钮，油泵启动指示灯亮。

4）小车上有 PC 平台且在下模位置，将旋钮旋至自动即可。不在下模位置，将线体选择旋钮旋至目标线，再将自动打开即可。

5）小车上无 PC 平台且在上模位置，将开关旋至自动即可。不在上模位置，将线体选择旋钮旋至目标线，再将自动打开即可。

二、固定模台工艺

1. 固定模台工艺简介

混凝土制品在固定台座上进行生产的一种工艺方法（图 4-13）。制品在一固定台位上完成清模、布筋、成型、养护、脱模等全部工序，制品在生产全过程保持位置不动，而操作人员、工艺设备和材料则顺次由一个台位移至下一个台位。台座两侧和下部设置有蒸汽管道，混凝土制品在台座上成型后，覆盖保温罩，通入蒸汽进行养护。图 4-14 梁模、图 4-15 楼梯模具皆属于固定模台模具。

固定模台工艺一般用于生产内外墙板、楼梯以及其他一些工艺复杂的异形构件等。

图 4-13　固定台模

图 4-14　梁模

图 4-15　立模楼梯模具

2. 固定模台工艺设备操作

（1）门架式混凝土布料机

门架式混凝土布料机（图 4-16），采用门架（框架）结构，使用轨道平行于固定台座生产线设置。通过程序控制，实现按图纸位置、设计厚度需求均匀布料。

图 4-16　门架式混凝土布料机

布料机具有平面两自由度运动控制，纵向料斗升降功能。门架式混凝土布料机操作与自动化生产线布料机操作相近。

（2）门架式混凝土振捣抹平设备

门架式混凝土振捣抹平设备（图 4-17），采用门架结构设计，使轨道平行于固定台座生产线设置。设备操作自由度应满足平面两个自由度，垂直面一个自由度。设备可分别实现平板振捣、棒式插捣和抹平工艺，设备行走采用人工控制方式。

图 4-17　门架式混凝土振捣抹平设备

三、混凝土搅拌站

预制构件生产用混凝土由混凝土搅拌站制备输送。

1. 混凝土搅拌机组成

混凝土搅拌站主要由物料储存系统、物料称量系统、物料输送系统、搅拌系统、粉料储存系统、粉料输送系统、粉料计量系统、水及外加剂计量系统和控制系统以及其他附属设施组成。

（1）搅拌主机

搅拌采用的是目前国内外搅拌站使用的主流搅拌机—JS双卧轴强制式混凝土搅拌机，它可以搅拌流动性、半干硬性和干硬性等多种混凝土。

（2）物料称量系统

物料称量系统是影响混凝土质量和混凝土生产成本的关键部件，主要分为骨料称量、粉料称量和液体称量三部分，生产不同规格的混凝土主要依靠称量系统。

（3）物料输送系统

物料输送由三个部分组成：

1）骨料输送：目前搅拌站输送有料斗输送和皮带输送两种方式。料斗提升的优点是占地面积小、结构简单。皮带输送的优点是输送距离大、效率高、故障率低。

2）粉料输送：混凝土可用的粉料主要是水泥、粉煤灰和矿粉。目前普遍采用的粉料输送方式是螺旋输送机输送，大型搅拌楼有采用气动输送和刮板输送的。螺旋输送的优点是结构简单、成本低、使用可靠。

3）液体输送：主要指水和液体外加剂，它们是分别由水泵输送的。

（4）物料贮存系统

混凝土搅拌站物料贮存方式基本相同。骨料采用封闭料仓堆放；粉料用全封闭钢结构水泥仓贮存；外加剂用钢结构容器贮存。

（5）控制系统

搅拌站控制系统是整套设备的中枢神经。控制系统根据用户不同要求和搅拌站的大小而有不同的功能和配制。

2. 搅拌站操作规程

（1）打开控制电源、主机电源，解除急停按钮；

（2）启动运行软件，进入搅拌系统选择生产任务菜单，根据生产部门、技术部门提供的任务内容和标准配比，输入数据，建立生产任务，点击确认进行系统自动搅料；

（3）自动搅料过程中出现异常或报警时，立即按操作面板的急停按钮，确保安全生产；

（4）搅料完毕后，点击操控面板上"出料门开启"，待放料结束后按"出料门关闭"并按"出车电铃"警示；

（5）出料门完全关闭后，按操作面板上"出车电铃"进行转运警示；

（6）设备停止使用时，对搅拌站进行清洗，关闭主机电源、控制电源；

（7）做好设备运行情况及交接记录。

四、钢筋加工车间

钢筋作为混凝土的骨架构成，是建筑结构中使用面广、量大的主材。在浇筑混凝土前，钢筋必须制成一定规格和形式的骨架纳入模板中。钢筋加工车间主要进行钢筋半成品、成品加工，制作钢筋骨架，需要对钢筋进行强化、拉伸、调直、切断、弯曲、连接等加工，最后才能捆扎成形。由于钢筋用量极大，手工操作难以完成，需要采用各种专用机械进行加工，这类机械称为钢筋加工机械，简称钢筋机械。

1. 钢筋切断机操作规程

（1）机器启动装置应设在操作人员方便处，高度不得超过1.5m。

（2）机器工作中不允许检修、加油、更换部件。

（3）切断细钢筋时要将钢筋摆直，不能形成弧线。

（4）断料时要将钢筋握紧，并在活动刀片向后退时，将钢筋送入刀口，以防止钢筋末端摆动或蹦出伤人，不要在活动刀片向前推进时向刀口送料，以防发生机器或人身安全事故。

（5）在切料配料过程中如发现钢筋有劈裂、缩头或严重的弯头等必须切除。

（6）禁止切断超过机器性能规定范围内的钢材和超过刀片硬度或烧红的钢筋。

（7）下料尺寸与数量需严格按要求执行，以免切刀应力损坏及机箱内传动齿轮、曲轴损坏。

钢筋直径 mm	6-8	9-13	14-18	19-20	≥20
每次切断根数	6	5	3	2	1

（8）长 30cm 以下不能直接用手送料；切断 20cm 以下短头时，应将长钢筋从切断机一侧送料。

（9）切断机机身一侧严禁站人，防止断料时横向甩动伤人。

（10）当设备出现异常时，立即按急停按钮，关闭电源，待处理完毕后方可恢复运行。

2. 钢筋调直机操作规程

（1）料架、料槽应安装平直，并应对准导向筒、调直筒和下切刀孔的中心线。

（2）用手转动飞轮，检查传动机构和工作装置，调整间隙，紧固螺栓。确认正常后，起动空运转，并应检查轴承无异响，齿轮啮合良好，运转正常后方可作业。

（3）根据钢筋的直径，选用适当的调直块及传动速度。调直块的孔径应比钢筋直径大 2～5mm，传动速度应根据钢筋直径选用，直径大的宜选用慢速，调试合格后方可送料。

（4）在调直块未固定、防护罩未盖好前不得送料；作业中严禁打开各部防护罩并调整间隙。

（5）送料前，应将不直的钢筋端头切除。导向筒前应安装一根 1m 长的钢管，钢筋应先穿过钢管再送入调直前端的导孔内。

（6）切断 3～4 根钢筋后，应停机检查其长度，当超过允许偏差时，应调整限位开关或定尺板。

3. 钢筋弯曲机操作规程

（1）应按加工钢筋的直径和弯曲半径的要求，装好相应规格的芯轴和成型轴、挡铁轴，芯轴直径应为钢筋直径的 2.5 倍，挡铁轴应有轴套。

（2）挡铁轴的直径和强度不得小于被弯钢筋的直径和强度。不直的钢筋不得弯曲。

（3）作业时，应将钢筋需弯一端插入转盘固定销的间隙，另一端紧靠机身固定销，并用手压紧。应检查机身固定销并确认安放在挡住钢筋的一侧，方可开动。

（4）超过机械铭牌规定直径的钢筋严禁进行弯曲，在弯曲未经冷拉或带有锈皮的钢筋时，应戴防护镜。

（5）弯曲高强度或低合金钢筋时，应按机械铭牌规定换算最大允许直径并应调换相应的芯轴。

4. 钢筋滚丝机操作规程

（1）工作前，滚丝机水箱中应加入 6% 的专用水溶性冷却润滑液（冬季为防止冻结，冷却液浓度应提高至 1:3），切削液加至距水箱顶部 5cm 高处。严禁不加冷却润滑液或在冷结的冷却液状态下进行加工作业。

（2）滚丝机机头前须搭上托架支托待加工的钢筋，支架长度为钢筋长加 0.5～

1.0m，待加工钢筋放在支架上，钢筋轴线与机头中心在同一平面上。

（3）距钢筋端头 0.5m 范围内不得有影响钢筋加工质量的弯曲，否则应矫直；距钢筋端头 0.3m 范围内不得粘结沙土、砂浆等附着物，否则需清除干净。

（4）剥肋直径调试。对可调整规格的可调式调整环，按规格提示刻度设定，对不能调整规格的固定式调整环，用与钢筋规格相对应的调整环安装即可，调整环固定在张刀环上。

（5）剥肋长度调试。调试时把机头退至后极限位置，使相应规格的钢筋定位块与棒的块体紧贴剥肋机头端面，将待加工钢筋端头顶靠到定位块即可。

第五章　安全生产知识

第一节　一般安全知识

1. 概念

（1）安全：指无物质危险和精神恐慌而使人员处于自由状态。没有危险因素的劳动条件是为了保证人们从事劳动过程中不发生人身或设备事故。

（2）安全生产：指为了使劳动过程在符合安全要求的物质条件和工作秩序下进行，防止伤亡事故、设备事故及各种灾害的发生，保障劳动者的安全健康和生产作业过程的正常进行而采取的各种措施和从事的一切活动。

（3）生产过程中的安全：不发生工伤事故、职业病、设备或财产损失的状况，即人不受伤害，物不受损失。

（4）我国安全生产管理的基本方针"安全第一，预防为主"：根据安全生产法律法规和企业生产实际，将各级领导、职能部门、工程技术人员、岗位操作人员在安全生产方面应该做的事及应负的责任加以明确规定的一种制度。

（5）安全生产责任制的作用：明确分工，各负其责，协调一致，全员参与，明确单位的主要负责人及其他负责人、各有关部门和员工在生产经营活动中应负的责任。在各部门及员工间，建立一种分工明确、运行有效、责任落实的制度，有利于把安全工作落到实处，使安全工作层层有人负责。

2. 安全生产基础知识——安全培训

三级安全培训是指新员工上岗前必须进行厂级、部门级、岗位级职业健康安全培训。厂级职业健康安全培训由工厂总经办组织，公司专职安全管理人员实施，内容包括公司安全管理制度和劳动纪律、通用安全生产和职业卫生知识并解答员工关于安全生产方面的问题。部门级职业健康安全培训由部门组织，部门经理实施，内容包括部门安全管理制度、部门主要不安全因素和安全注意事项、预防事故和职业危害的主要措施、事故应急处理程序等。岗位级职业健康安全培训由部门安全员组织实施，内容包括岗位安全责任制、安全操作规程、劳动保护用品的性能和正确使用方法等。

第二节　安全防护知识

1. 生产区域内悬挂标牌与安全标志。凡工厂之危险区域（易触电处、临边），应妥善遮拦，并于明显处设"危险"标志。

2. 进入生产区域必须佩戴安全帽。

3. 进行电气焊接、切割等工作，必须佩戴相应的劳保用品，以及手套、焊帽、眼罩等保护用品。

4. 构件修理，使用手持式切割机时，应该佩戴眼罩以防灰渣崩入眼内。

第三节　临时用电安全知识

1. 作业人员必须是经过专业安全技术培训和考试合格后取得特种作业操作证的电工，并持证上岗（在有效期内）。

2. 作业人员必须经过入场安全教育，考核合格后才能上岗作业。

3. 现场作业时必须一人作业，一人监护，作业人员穿绝缘鞋。

4. 进入工作现场必须戴好合格的安全帽，系紧下颚带，锁好带扣，高处作业必须系好合格的安全带，系挂牢固，高挂低用。

5. 进入现场禁止吸烟，禁止酒后作业，禁止追逐打闹，禁止串岗，禁止操作与自己无关的机械设备，严格遵守各项安全操作规程和劳动纪律。

6. 进入作业地点时，先检查、熟悉作业环境。若发现不安全因素、隐患，必须及时向有关部门汇报，并立即整改，确认安全后再进行作业。

7. 每天应注意收听天气预报，随时掌握天气变化信息，做好防范准备工作。

8. 对现场供电线路、设备等进行全面检查，出现线路老化、安装不良、瓷瓶裂纹、绝缘能力降低及漏电等问题必须及时整改、更换。

9. 现场的配电箱、开关箱、照明电路、灯具等检查发现漏电破损、老化等时应及时检修更换。

10. 严禁在大风天气进行室外露天电工作业。

11. 对于所有露天放置的机电设备，大风雪前必须切断电源，锁好配电箱。

12. 大风及雨前必须及时将露天放置的配电箱、电焊机等做好防风防潮工作，防止雨水进入箱内、电器设备内。食堂用电设备、生活区、办公区线路及用电设备也应做好防风防潮工作。

13. 雨后应立即对所有电器设备、线路进行全面检查，发现问题立即处理。配电箱、电器设备等，应停电后处理潮湿的部位，使其干燥恢复绝缘，经检测绝缘电阻合格之后再送电作业。

14. 生活区、办公区冬季前必须重新计算用电负荷，发现用电负荷超过供电线路容量时，必须采取可靠有效措施，防止发生火灾，以保证供电线路安全。

15. 每天对办公区、生活区进行检查，加强管理，严格执行安全用电、取暖制度，严禁乱拉电线，要求做到人走关灯，关闭一切用电设备。

16. 大风及雨后，对线路进行检查加固，防风，防砸，防碾压，防止因大风而造成断线停电及触电事故。

第四节 起重吊装安全知识

1. 安全知识

（1）吊装机具使用前应了解其性能和操作方法，并应仔细检查吊装采用的吊索是否有扭结、变形、断丝、锈蚀等异常现象，如有异常应及时降低使用标准或报废。

（2）检查滑车、吊钩等的轮轴、钩环、撑架、轮槽、拉板、吊钩等有无裂纹或损伤，配件是否齐全，转动部分是否灵活，确认完好方可使用；吊钩如有永久裂纹或变形时，应当更换。

（3）按规定正确佩戴和使用劳动防护用品，如安全帽、手套、防滑软底鞋等。

2. 安全操作规程

（1）起吊重物件时，应确认起吊物件的实际重量，如不明确，应经操作者或技术人员计算确定。

（2）拴挂吊具时，应按物件的重心，确定拴挂吊具的位置；用两支点或交叉起吊时，吊钩处千斤绳、卡环、吊索等，均应符合起重作业安全规定。

（3）吊具拴挂应牢靠，吊钩应封钩，以防在起吊过程中吊索滑脱；捆扎有棱角或利口的物件时，吊索与物件的接触处应垫以麻袋、橡胶等物；起吊长、大物件时，应拴溜绳。

（4）物件起吊时，先将物件提升至离地面 10～20cm，经检查确认无异常现象后，方可继续提升。

（5）放置物件时，应缓慢下降，确认物件放置平稳牢靠后方可松钩，以免物件倾斜翻倒伤人。

（6）起吊物件时，作业人员不得在已受力索具附近停留，特别不能停留在受力索具的内侧。

（7）起重作业时，应由技术熟练、懂得起重机械性能的人担任信号指挥，指挥时应站在能够照顾到全面工作的地点，所发信号应实现统一，并做到准确、宏亮和清楚。

（8）起吊物件时，起重臂回转所涉及区域内和重物的下方严禁站人，不准靠近被吊物件和将头部伸进起吊物下方观察情况，也禁止站在起吊物件上。

（9）起吊物件旋转时，应将工作物提升到距离所能遇到的障碍物 0.5m 以上。

（10）起吊物件应使用交互捻制交绕的吊索，吊索如有扭结、变形、断丝、锈蚀等异常现象，应及时降低使用标准或报废。卡环应使其长度方向受力，抽销卡环应预防销子滑脱,有缺陷的卡环严禁使用。

(11) 当使用设有大小钩的起重机时,大小钩不得同时各自起吊物件。

3. 其他注意事项

(1) 吊索的报废标准和磨损,应符合规定要求,起吊重的结构或重大部件时,宜使用新吊索。

(2) 吊索在编结成绳套时,编结部分的长度不得小于该绳直径的 1.5 倍且不得短于 30cm,用绳卡连接时,必须选择与吊索直径相匹配的卡子,卡子数量和间隔距离,应根据不同吊索直径按规定使用。

(3) 吊索禁止与带电的金属(包括电线、电焊钳)相碰,以防烧断。

(4) 施工区域的风力达到六级(包括六级)以上时,应停止高处和起重作业。

第五节　设备操作安全知识

机械设备危险是针对机械设备本身的运动部分而言的,如传动机构和刀具,高速运动的工件和切屑。如果设备有缺陷、防护装置失效或操作不当,则随时可能造成人身伤亡事故。生产中使用的搅拌机、布料机、行吊、钢筋加工设备等都有可能存在机械设备危险因素。

1. 机械设备危险有传动装置的危险、压力机械的危险、机床的危险。

(1) 机械传动一般分为齿轮传动、链传动和带传动,由于部件可能不符合要求,传动部分和突出的转动部分外露、无防护等,可能把手、头发、衣服绞入其中造成伤害;

(2) 压力机械的施压部位是最危险的。由于这类设备多为手工操作,操作人员容易产生疲劳和厌烦情绪,发生人为失误;

(3) 机床是高速旋转的切削机械,危险性很大。

2. 设备安全操作规程

(1) 操作人员应做到熟悉设备的性能,熟练掌握设备正确操作方法,严格执行设备安全操作规程;

(2) 设备操作人员必须经过培训并考试合格后方可上岗,必须佩戴相应的劳保用品,非操作人员切勿触碰开关或旋钮;

(3) 严禁非专业人员擅自修改设备及产品参数;

(4) 检查各安全防护装置有效,接地良好,电、气按钮和开关是否在规定位置,机械及紧固件是否齐全完好;确保设备周围无影响作业安全的人和物;

(5) 定期对各机械设备润滑点进行润滑,保证润滑良好;检查各连接螺栓的连接,保证各连接螺栓无松动、脱落现象;

(6) 设备运行时,严禁人员、物品进入或靠近机械设备作业区域内,确保设备安全运行；

（7）禁止用湿手去触摸开关，要有足够的工作空间，以避免发生危险；

（8）当设备出现异常或报警时立即按急停按钮，待处理完毕后，解除急停、正常运行；

（9）设备停机确保各机械处于安全位置后切断电源开关。